职业教育学习领域核

U0174021

数控机床维修

学习领域 1~6

周海进◎编著

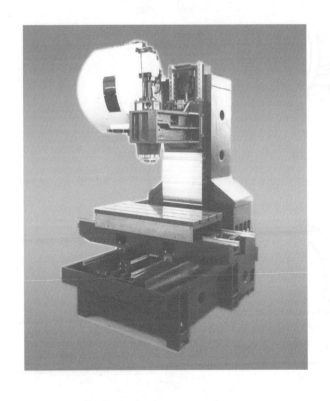

机械工业出版社
CHINA MACHINE PRESS

本教材是作者结合多年数控机床维修经验和教学经验，在工学结合教学改革实践基础上开发的学习领域教材。

本教材以数控机床维修中 6 个典型工作为学习任务，围绕每一个工作任务学习相关专业知识和技能，最后达到完成工作的目的。学完本教材可以掌握数控机床维修必备的基本知识和技能。

本教材可以作为高等职业院校和中等职业学校数控机床装调与维修相关专业教材，也可作为企业数控机床维修的培训教材。

图书在版编目（CIP）数据

数控机床维修/周海进编著. —北京：机械工业出版社，2015.6

职业教育学习领域模式创新教材

ISBN 978-7-111-50898-4

Ⅰ.①数…　Ⅱ.①周…　Ⅲ.①数控机床-维修-职业教育-教材②数控机床-电气设备-安装-职业教育-教材　Ⅳ.①TG659

中国版本图书馆 CIP 数据核字（2015）第 162653 号

机械工业出版社（北京市百万庄大街 22 号　邮政编码 100037）

策划编辑：王晓洁　责任编辑：王晓洁　版式设计：霍永明
责任校对：佟瑞鑫　封面设计：马精明　责任印制：乔　宇
保定市中画美凯印刷有限公司印刷
2015 年 9 月第 1 版第 1 次印刷
184mm×260mm · 11 印张 · 256 千字
0 001—3 000 册
标准书号：ISBN 978-7-111-50898-4
定价：39.80 元

前　言

在我国现代职业教育的发展中工学结合课程开发理念被逐渐推广，通过多年课程开发实践证明，"工"与"学"的结合是一个复杂的工作，专业课程开发中遇到很多困难。

职业教育的重点是培养实用型高技能人才。随着数控机床的普及，企业需要一定数量的数控机床维修专门人才，为满足企业需求，多数职业学校都开设数控机床装调与维修相关专业，但该专业实践性很强，开设难度较大，对学习者素质要求较高，对教师要求更高，如果教学安排不当，便会使课程变成学科型课程，变成纸上谈兵，解决不了实际问题。作者结合多年企业数控机床维修经验和近几年现代职业教育课程模式工学结合课程开发研究成果，通过10年"数控机床维修"课程教学探索和实践，按工学结合的理念，确立了数控机床维修典型工作任务，即数控机床维修基本功训练；与DNC、网络数据传输有关故障的维修；辅助功能动作不能完成有关故障的维修；与参数调整有关故障的维修；与伺服有关故障的维修；与尺寸精度误差、曲面加工粗糙有关故障的维修。在此基础上开发出"数控机床维修'学习领域'课程"。本教材与课程对应，

充分体现了工学结合课程的核心特征：学习的内容是工作，通过工作实现学习。在教学中，可以传统教材作为学生辅助教材。本教材包含了数控机床工作中常见故障维修，学生要完成数控机床维修工作，必须按学习领域教材指引，以小组讨论或个人查阅资料形式先主动学习相关知识和技能，这一学习阶段时间较长，但目的性强。掌握专业知识和技能后学生按工作流程：制订维修工作计划→实施维修工作→检查维修工作质量→评定反馈，在车间完成数控故障维修工作，让学生学习完课程即能掌握实用数控机床维修技能，避免了学科型教学模式脱离实践的缺点。通过本教材学习，学生可掌握数控机床维修必备的基本知识和技能，效果显著。本教材适合正在实行工学结合改革的高等职业院校或中等职业学校数控机床装调与维修相关专业师生使用，也适合企业数控机床维修培训使用。

本教材在编写的过程中，参照了很多同类教材和培训讲义，在此一并表示感谢。由于时间仓促，编者的水平和经验有限，难免有不妥之处，恳请读者批评指正。

编　者

目　录

学习领域 1

数控机床维修基本功训练

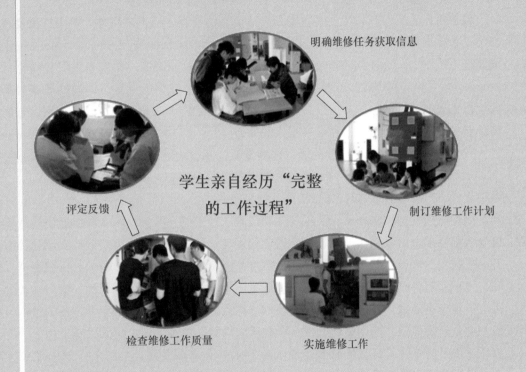

明确维修任务获取信息

学生亲自经历"完整的工作过程"

制订维修工作计划

评定反馈

检查维修工作质量

实施维修工作

工作任务：

　　数控车间主管把机床故障报到维修部：有一台加工中心 FV85A（数控系统：FANUC 18i）出现报警停机故障。维修部主管派你去维修，你先做好准备工作，再去维修。

1 信息收集

1.1 数控机床特点

数控机床是计算机数字控制机床（Computer Numerical Control Machine Tools）的简称，是一种装有程序控制系统的自动化机床。该控制系统能够自动处理具有控制编码或其他符号指令的程序，并将其译码，从而使机床动作并加工零件。

若想学习数控机床维修，必须深入掌握数控机床技术特点：

数控机床，具有高精度、高效率和高适应性的特点，适于多品种、中小批量复杂零件的加工。数控机床作为实现柔性制造系统（Flexible Manufactaring System，FMS）、计算机集成制造系统（Computer Integrated Manufactaring System，CIMS）和未来工厂自动化（Factory Automation，FA）的基础，已成为现代制造技术中不可缺少的设备。以微处理器为基础，以大规模集成电路为标志的数控设备，已在我国批量生产、大量引进和推广应用，它们给机械制造业的发展创造了条件，并带来很大的效益。

数控机床是一个复杂的大系统，它涉及光、机、电、液等方面，包括计算机数控系统（Computer Numeric Control，CNC）、可编程序控制（Programmable Logical Controller，PLC）、系统软件、PLC 软件、加工编程软件、精密机械技术、数字电子技术、大功率电力电子技术、电动机拖动与伺服技术、液压与气动技术、传感器与测量技术、网络通信技术等。数控机床内部各部分的联系非常紧密，自动化程度高，运行速度快，大型数控机床往往有成千上万的机械零件和电气部件，任何一部分发生故障都是难免的。机械锈蚀、机械磨损、机械失效、电子元器件老化、插件接触不良、电流电压波动、温度变化、干扰、噪声、灰尘、程序丢失或本身有隐患、操作失误等都可导致数控机床出现故障甚至是整个设备的停机，从而导致整个生产线停顿。在许多行业中，数控机床均处在关键工作岗位的关键工序上，若出现故障后不能及时修复，将直接影响企业的生产效率和产品质量，会给生产单位带来巨大的损失。所以熟悉和掌握数控机床的故障诊断与维修技术，及时排除故障是非常重要的。

> **扩展知识：**
>
> 计算机技术的内容非常广泛，可大致分为计算机系统技术、计算机器件技术、计算机部件技术和计算机组装技术等几个方面。计算机技术包括：运算方法的基本原理与运算器设计、指令系统、中央处理器（CPU）设计、流水线原理及其在 CPU 设计中的应用、存储体系、总线与输入/输出。
>
> 现代制造技术是在传统制造技术基础上不断吸收机械、电子、信息、材料、能源及现代管理等技术成果，将其综合应用于产品设计、制造、检测、管理、售后服务等全过程，实现优质、高效、低耗、清洁、灵活生产，取得理想技术经济效果的制造技术的总称。其特征包括：①计算机、传感器、自动化、新材料和管理技术与传统制造技术相结合，使制造技术成为集成物质流、信息流和能量流的系统工程；②现代制造技术成为"市场—产

品设计—制造—市场"的大系统；③现代制造技术的各专业、学科间不断交叉、融合；④现代制造技术重视工程技术与经营管理的结合。其最终目的是能够实现优质高效、低耗、清洁、灵活生产并取得理想的技术效果。

传感监测技术是利用传感器把被测物件的变化量测定出来，反馈给控制设备，再由控制设备加以修正。

光电子技术是以先进探测器和激光器为基础，由光学技术、电子技术、精密机械技术和计算机技术等密切结合而形成的一项高新技术。它既改变了传统光学的单纯观察功能，又极大扩展了电子技术的功能。因此，光电子技术具有探测精度高、传递信息速度快、信息容量大、抗干扰和保密能力强等优点。

我们必须掌握以上每一种技术，才能完成机电一体化数控机床的维护与维修。

> 🔧 讨论：针对每种技术应用实例加以说明。

1.2　数控机床组成

> 💡 提示：掌握数控机床组成及其作用是维修基础。

数控机床具体由以下部分构成：

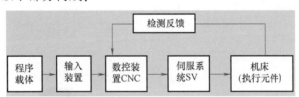

（1）程序载体

用于记录数控机床加工零件所需程序的载体（如 U 盘）。

（2）输入/输出装置

输入/输出装置的作用是进行数控加工或运动控制程序、加工与控制数据、机床参数以及坐标轴位置、检测开关的状态等数据的输入与输出。

输入装置：将程序载体上的程序完整正确地读入数控机床的 CNC 中，如 NC 操作键盘、RS232 标准接口、网络等。

> ❓ 思考：DNC 不能传输与 RS232 有关，对吗？

输出装置：显示器、数控系统通过显示器为操作人员提供必要信息，如正在编辑程序、坐标值及报警信息的显示。

> ❓ 思考：显示器屏幕看见光栅跳动，看不见正常显示文字，还能加工，为什么？

（3）数控装置

数控装置是计算机数控系统核心，由硬件（微计算机电路、各种接口电路、CRT 显示器等）和软件部分组成。它接收的是输入装置送来的信息，信息经过数控装置的系统软件或逻辑电路进行编译、运算和逻辑处理后，输出各种信息指令，控制机床的各部分，使其进行规定的有序的动作。数控系统主板如图1-1所示。

> ❓ 思考：显示器显示 SRAM 奇偶校验错误，为什么？

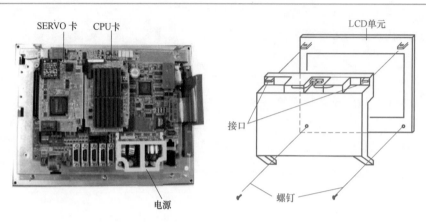

图1-1 数控系统主板

（4）伺服装置

伺服装置（图1-2）是数控机床执行机构的驱动部件，包括主轴驱动单元、进给单元、主轴电动机及进给电动机等。其接收来自数控装置的速度和位移指令经伺服单元变换和放大后，通过驱动装置转变成机床进给运动的速度、方向和位移。

> ❓ 思考：故障预警显示电流过大，可能什么原因？

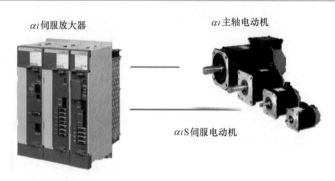

图1-2 伺服装置

（5）位置检测装置

使用位置检测装置间接或直接测量执行部件的实际进给位移并与指令位移进行比较，按闭环原理将误差转换放大后控制执行部件的进给运动。

> ❓ 思考：数控机床无运动指令执行，待机状态工作台突然快速窜动，可能是什么原因？

（6）机床主机

主机是数控机床的主体，包括床身、箱体、导轨、主轴、进给机构等机械部件。数控机床主机的结构有以下特点：

1）由于采用了高性能的主轴及进给伺服驱动装置，简化了数控机床的机械传动结构，传动链较短。

2）数控机床的机械结构具有较高的动态特性，以及动态刚度、阻尼精度、耐磨性以及抗热变形性能，适应连续自动化加工。

3）较多地采用高效传动件，如滚珠丝杠副、直线滚动导轨、静压导轨等。

❓ 思考：加工尺寸过大与机床的机械结构有关吗？

（7）辅助装置

辅助装置主要包括：工件自动交换机构（APC）、刀具自动交换机构（ATC）、工件夹紧与松开机构、回转工作台、液压控制系统、润滑冷却装置、排屑照明装置、过载与限位保护装置以及对刀仪等部分。机床的功能与类型不同，其包含辅助装置也有所不同。

数控机床控制原理如图 1-3 所示。

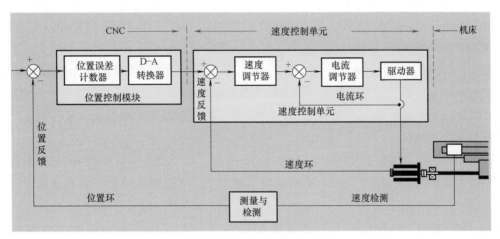

图 1-3　数控机床控制原理

🌐 总结：熟悉原理分析故障原因才能有思路，所以学习原理很重要。

★技能训练：学习小组在组长组织下，分别到以下 4 台数控机床⊖旁，在机床上找到数控机床组成部分具体位置。

永进加工中心 MV106A（数控系统：FANUC 18i）

协鸿加工中心 MV1020（数控系统：三菱 MITSUBISHI M65S）

三机数控铣床 MV-5F（数控系统：华中数控 HNC-21M）

数控车床 CJK6132A（数控系统：广州数控 GSK980TD）

1.3　数控系统简介

（1）法那科数控系统（FANUC）

日本 FANUC 公司是生产数控系统和工业机器人的著名厂家，该公司自 20 世纪 60 年代

⊖　本书技能训练中所用的数控机床均包含在本页提到的 4 台数控机床之中。

生产数控系统以来，已经开发出 40 种左右的系列品种。

FANUC 公司目前生产的 CNC 装置有 F0/F10/F11/F12/F15/F16/F18 系列。F00/F100/F110/F120/F150 系列是在 F0/F10/F11/F12/F15 的基础上加了 MMC 功能，即 CNC、PMC、MMC 三位一体的 CNC。

FANUC 公司数控系统的产品特点如下：

1）FSO 系列：属于可组成面板装配式的 CNC 系统，易于组成机电一体化系统。FSO 系列 CNC 有许多规格，如 FSO-T、FSO-TT、FSO-M、FSO-ME、FSO-G、FSO-F 等型号。T 型 CNC 系统用于单主轴单刀架的数控车床，TT 型 CNC 系统用于单主轴双刀架或双主轴双刀架的数控车床，M 型 CNC 系统用于数控铣床或加工中心，G 型 CNC 系统用于磨床，F 型是对话型 CNC 系统。

2）FS10/11/12 系列：此系列有很多品种，可用于各种机床。其规格型号有：M 型、T 型、TT 型、F 型等。

3）FS15 系列：属于 FANUC 公司较新的 32 位 CNC 系统，该系统被称为 AI（人工智能）CNC 系统。该系列 CNC 系统是按功能模块结构构成的，可以根据不同的需要组合成大小不同的系统，控制轴数为 2~15 轴，同时还有 PMC 的轴控制功能，可配置备有 7、9、11 和 13 个槽的控制单元母板，在控制单元母板上插入各种印制电路板，采用了通信专用微处理器和 RS422 接口，并有远距离缓冲功能。该系列的 CNC 系统适用于大型机床、复合机床的多轴控制和多系统控制。

4）FS16 系列：该系列 CNC 产品是在 FS15 系列之后开发的，其性能介于 FS15 系列和 FSO 系列之间。在显示方面，FS16 系列采用了薄型 TET（薄膜晶体管）彩色液晶显示等新技术。

5）FS18 系列：系列 CNC 系统是紧接着 FS16 系列 CNC 系统推出的 32 位 CNC 系统。FS18 系列的功能在 FS15 系列和 FSO 系列之间，但低于 FS16 系列。

6）FS21/210 系列：该系列 CNC 系统是 FANUC 公司最新推出的系统。该系列有

图 1-4　FANUC18i-TB 数控系统

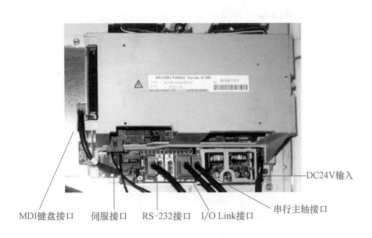

图 1-5 FANUC0*i* 数控系统

FS21MA/MB 和 FS21TA/TB、FS210MA/MB 和 FS210TA/TB 的产品型号。本系列的 CNC 系统适用于中小型数控车床。

现在常用的是 FANUC 公司开发的新一代数控系统，常用 0*i* 系列、21*i* 系列、18*i* 系列、16*i* 系列、31*i* 系列、30*i* 系列：其中，0*i* 系列是普通型，18*i* 系列、16*i* 系列、31*i* 系列、30*i* 系列是高端型（图 1-4、图 1-5）。

（2）三菱数控系统（MITSUBISHI）

日本三菱从 1992 年以来先后推出 M50、M500、M64、M65、M70、M700 系列数控系统。

1）三菱 M60S 系列（图 1-6）。

① 所有 M60S 系列控制器都标准配备了 RISC64 位 CPU，具备目前世界上最高水准的硬件性能（与 M64 相比，整体性能提高了 1.5 倍）。

② 高速、高精度机能对应，尤为适合模具加工（M64SM-G05P3：16.8m/min 以上，G05.1Q1：计划中）标准内置 12 种语言操作界面（包括繁体/简体中文）。

③ 可对应内含以太网络和 IC 卡界面（M64SM-高速程序伺服器）。

④ 坐标显示值转换可自由切换（程序值显示或手动插入量显示切换）。

⑤ 标准内置波形显示功能，工件位置坐标及中心点测量功能。

⑥ 缓冲区修正机能扩展：可对应 IC 卡/计算机链接 B/DNC/记忆/MDI 等模式。

CC-Link

图 1-6 三菱 M60S 系列

⑦ 编辑画面中的编辑模式，可自行切换成整页编辑或整句编辑。

⑧ 图形显示机能改进：可含有刀具路径资料，以充分显示工件坐标及刀具补偿的实际位置。

⑨ 简易式对话程序软件（使用 APLC 所开发之 Magicpro-NAVIMILL 对话程序）。

⑩ 可对应 Windows95/98/2000/NT4.0/Me 的 PLC 开发软件。

⑪ 特殊 G 代码和固定循环程序，如 G12/13、G34/35/36、G37.1 等。

2）三菱 M70 系列（图 1-7）。

① 针对客户不同的应用需求和功能细分，可选配 M70 TypeA：11 轴和 Type B：9 轴。

② 内部控制单位（插补单位）10nm，最小指令单位 0.1μm，实现高精度加工。

③ 支持向导界面（报警向导、参数向导、操作向导、G 代码向导等），改进用户使用体验。

④ 标准提供在线简易编程支援功能（NaviMill、NaviLathe），简化加工程序编写。

⑤ NC Designer 自定义画面开发对应个性化界面操作。

⑥ 标准搭载以太网接口（10BASE-T/100BASE-T），提升数据传输速率和可靠性。

⑦ PC 平台伺服自动调整软件 MS Configurator，简化伺服优化手段。

⑧ 支持高速同步攻螺纹 OMR-DD 功能，缩短攻螺纹循环时间，最小化同步攻螺纹误差。

⑨ 全面采用高速光纤通信，提升数据传输速度和可靠。

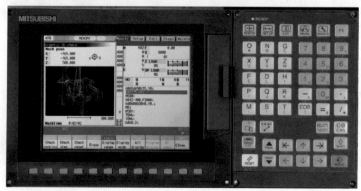

图 1-7　三菱 M70 系列

3）三菱 M700V 系列（图 1-8）：除了 M70 系列的 2）~9）的特点外，还有以下功能：

① 控制单元配备最新 RISC 64 位 CPU 和高速图形芯片，通过一体化设计实现完全纳米级控制的加工能力和高品质的画面显示。

② 系统所搭配的 MDS-D/DH-V1/V2/V3/SP、MDS-D-SVJ3/SPJ3 系列驱动可通过高速光纤网络连接，达到最高功效的通信响应。

③ 采用超高速 PLC 引擎，缩短循环时间。

④ 配备前置式 IC 卡接口。

⑤ 配备 USB 通信接口。

⑥ 配备 10/100M 以太网接口。

⑦ 真正个性化界面设计（通过 NC Designer 或 C 语言实现），支持多层菜单显示。

⑧ 智能化向导功能，支持机床厂家自创的 html、jpg 等格式文件。

⑨ 产品加工时间估算。

⑩ 多语言支持（8 种语言支持、可扩展至 15 种语言）。

⑪ 支持 5 轴联动，可加工复杂表面形状的工件。

⑫ 多样的键盘规格（横向、纵向）支持。

⑬ 支持触摸屏，提高操作便捷性和用户体验。

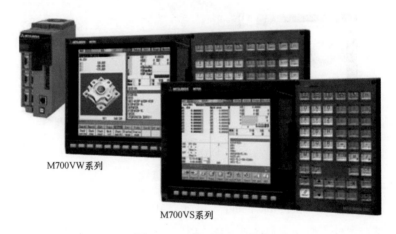

M700VW系列

M700VS系列

图 1-8 三菱 M700V 系列

（3）SIEMENS（SINUMERIK）

德国西门子公司是生产数控系统的著名厂家，它的 SINUMERIK 的数控装置 20 世纪 80 年代至 90 年代末先后推出：经济型有 802D、802S；中端产品有 810D、828D；高端产品有 840D。SINUMERIK 的数控装置目前新技术产品是 802DSL、828DSL、840DSL。

1）SINUMERIK 840D 系列：SINUMERIK 840D 系统是西门子公司 20 世纪 90 年代末推出的高性能数控系统，是新设计的全数字化数控系统，具有高度模块化及规范化的结构，将 CNC 和驱动控制系统集成在一块电路板上，将闭环控制系统的全部硬件和软件集成在 $1cm^2$ 的空间中，便于操作、编程和监控。国内市场高端使用量较大。

SINUMERIK 840D 是由数控及驱动装置（CCU 或 NCU）、MMC、PLC 模块三部分组成（图 1-9），由于在集成系统时，总是将 SIMODRIVE611D 驱动和数控单元（CCU 或 NCU）并排放在一起，并用设备总线互相连接。

① 人机交互界面。人机交互界面负责 NC 数据的输入和显示，它由 MMC（Man Machine

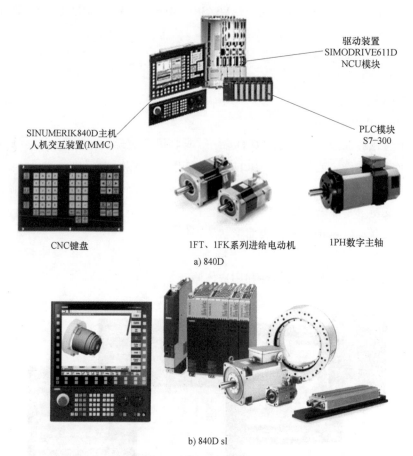

驱动装置
SIMODRIVE611D
NCU模块

SINUMERIK840D主机
人机交互装置(MMC)

PLC模块
S7-300

CNC键盘

1FT、1FK系列进给电动机

1PH数字主轴

a) 840D

b) 840D sl

图1-9 西门子数控系统

Comunication) 单元、OP (Operation panel) 单元、MCP (Machine Control Panel) 三部分。MMC 实际上就是一台计算机, 有自己独立的 CPU, 还可以带硬盘, 带软驱; OP 单元正是这台计算机的显示器, 而西门子 MMC 的控制软件也在这台计算机中。

a. MMC：最常用的 MMC 有两种：MMC100.2 和 MMC103, 其中 MMC100.2 的 CPU 为 486, 不能带硬盘; 而 MMC103 的 CPU 为奔腾, 可以带硬盘, 一般地, 用户为 SINUMERIK 810D 配 MMC100.2, 而为 SINUMERIK 840D 配 MMC103。

PCU (PC UNIT) 是专门为配合西门子最新的操作面板 OP10、OP10S、OP10C、OP12、OP15 等而开发的 MMC 模块, 目前有三种 PCU 模块——PCU20、PCU50、PCU70, PCU20 对应于 MMC100.2, 不带硬盘, 但可以带软驱; PCU50、PCU70 对应于 MMC103, 可以带硬盘, 与 MMC 不同的是：PCU50 的软件是基于 WINDOWS NT 的。PCU 的软件被称作 HMI, HMI 又分为两种：嵌入式 HMI 和高级 HMI。一般标准供货时, PCU20 装载的是嵌入式 HMI, 而 PCU50 和 PCU70 则装载高级 HMI。

b. OP：OP 单元一般包括一个 10.4in TFT 显示屏和一个 NC 键盘。根据用户不同的要求, 西门子为用户选配不同的 OP 单元, 如：OP030, OP031, OP032, OP032S 等, 其中 OP031 最为常用。

c. MCP：MCP 是专门为数控机床而配置的，它也是 OPI 上的一个节点，根据应用场合不同，其布局也不同，目前，有车床版 MCP 和铣床版 MCP 两种。对 810D 和 840D，MCP 的 MPI 地址分别为 14 和 6，用 MCP 后面的 S3 开关设定。

对于 SINUMERIK 840D 应用了 MPI（Multiple Point Interface）总线技术，传输速率为 187.5kB/s，OP 单元为这个总线构成的网络中的一个节点。为提高人机交互的效率，又有 OPI（Operator Panel Interface）总线，它的传输速率为 1.5MB/s。

② 数控及驱动单元

a. NCU 数控单元：SINUMERIK 840D 的数控单元被称为 NCU（Numenrical Control Unit）：中央控制单元，负责 NC 所有的功能，机床的逻辑控制，还有和 MMC 的通信。它由一个 COM CPU 板、一个 PLC CPU 板和一个 DRIVE 板组成。

根据选用硬件如 CPU 芯片等和功能配置的不同，NCU 分为 NCU561.2，NCU571.2，NCU572.2，NCU573.2（12 轴），NCU573.2（31 轴）等若干种，同样，NCU 单元中也集成 SINUMERIK 840D 数控 CPU 和 SIMATIC PLC CPU 芯片，包括相应的数控软件和 PLC 控制软件，并且带有 MPI 或 Profibus 接口，RS232 接口，手轮及测量接口，PCMCIA 卡插槽等，所不同的是 NCU 单元很薄，所有的驱动模块均排列在其右侧。

b. 数字驱动：数字伺服是运动控制的执行部分，由 611D 伺服驱动和 1FT6（1FK6）电动机组成，SINUMERIK 840D 配置的驱动一般都采用 SIMODRIVE611D。它包括两部分：电源模块+驱动模块（功率模块）。

电源模块主要为 NC 和给驱动装置提供控制和动力电源，产生母线电压，同时监测电源和模块状态。根据容量不同，凡小于 15kW 均不带馈入装置，极为 U/E 电源模块；凡大于 15kW 均需带馈入装置，记为 I/RF 电源模块，通过模块上的订货号或标记可识别。

611D 数字驱动是新一代数字控制总线驱动的交流驱动，它分为双轴模块和单轴模块两种，相应的进给伺服电动机可采用 1FT6 或者 1FK6 系列，编码器信号为 1Vpp 正弦波，可实现全闭环控制。主轴伺服电动机为 1PH7 系列。

③ PLC 模块。SINUMERIK 810D/840D 系统的 PLC 部分使用的是西门子 SIMATIC S7-300 的软件及模块，在同一条导轨上从左到右依次为电源模块（Power Supply）、接口模块（Interface Module）及信号模块（Signal Module）的 CPU 与 NC 的 CPU 是集成在 CCU 或 NCU 中的。

电源模块（PS）是为 PLC 和 NC 提供电源的+24V 和+5V。

接口模块（IM）是用于级之间互连的。

信号模块（SM）使用与机床 PLC 输入/输出的模块，有输入型和输出型两种。

2）SINUMERIK 840D sl 系列：西门子最新推出的高端数控系统是 SINUMERIK 840D sl 系列，具有模块化、开放、灵活而又统一的结构，为使用者提供了最佳的可视化界面和操作编程体验，及最优的网络集成功能。SINUMERIK 840D sl 是一个创新的能适用于所有工艺功能的系统平台。

SINUMERIK 840D sl 集成结构紧凑、高功率密度的 SINAMICS S120 驱动系统，并结合 SIMATIC S7-300 PLC 系统，强大而完善的功能使 SINUMERIK 840D sl 成为中高端数控系统平台。

1.4　数控机床故障分类

（1）按数控机床发生故障的部件分类

1）机械故障：机械系统主要包括机械、润滑、冷却、排屑、液压、气动与防护装置。常见的机械故障有：因机械安装、调试及操作使用不当等原因引起的机械传动故障与导轨副摩损过大故障。故障表现为传动噪声大、加工精度差、运行阻力大，如传动链的挠性联轴器松动，齿轮、丝杠与轴承缺油，导轨垫块调整不当，导轨润滑不良以及系统参数设置不当等原因均可造成以上故障。尤其应引起重视的是：机床各部位标明的注油点（注油孔）须定时、定量加注润滑油（脂），这是机床各传动链正常运行的保证。另外，液压、润滑与气动系统的故障主要是管路阻塞或密封不良，引起泄漏，造成系统无法正常工作。

> ⊗ 操作练习：现场找出各机械组成。

2）电气故障：电气控制系统包括数控系统、伺服系统、机床电器柜（也称为强电柜）及操作面板等。数控系统与机床电器设备之间的接口有4个部分：

① 驱动电路　主要指与坐标轴进给驱动和主轴驱动之间的电路。

② 位置反馈电路　指数控系统与位置检测装置之间的连接电路。

③ 电源及保护电路　由数控机床强电控制电路中的电源控制电路构成，强电电路由电源变压器、控制变压器、各种断路器、保护开关、接触器、熔断器等连接而成，可为交流电动机、电磁铁、离合器和电磁阀等功率执行元件供电。

④ 开关信号连接电路。开关信号是数控系统与机床之间的输入输出控制信号，输入输出信号在数控系统和机床之间的传送通过I/O接口进行。数控系统中的各种信号均可以用机床数据位"1"或"0"来表示。数控系统通过对输入开关量的处理，向I/O接口输出各种控制命令，控制强电路的动作。从电气的角度看，数控设备最明显的特征就是用电气驱动替代了普通机床的机械传动，相应的主运动和进给运动由主轴电动机和伺服电动机执行完成，而电动机的驱动必须有相应的驱动装置和电源配置。

现代数控机床一般用可编程序控制器替代普通机床强电控制柜中的大部分机床电器，从而实现对主轴、进给、换刀、润滑、冷却、液压以及气压传动等系统的逻辑控制。机床上各部位的按键、行程开关、接近开关及电器、电磁阀等机床电器开关的可靠性直接影响到机床能否正确执行动作，这些设备的故障是数控设备最常见的故障。

为了保证精度，数控机床一般采用反馈装置，包括速度检测装置和位置检测装置。检测装置的好坏将直接影响到数控机床的运动精度及定位精度。因此，电气系统的故障诊断及维护是维护和故障诊断的重点部分。资料表明：数控设备的操作、保养和调整不当占整个系统故障的57%，伺报系统、电源及电气控制部分的故障占整个故障的37.5%，而数控系统的故障占5.5%。

（2）按数控机床发生的故障性质分类

1）系统性故障：满足一定条件或超过某一设定的限度，工作中的数控机床必然发生的故障，如切削力过大。

2）随机性故障：随机性故障的原因分析与故障诊断较其他故障困难得多。

（3）故障常见处理方法

调查故障现场、充分掌握故障信息、分析故障原因、充分利用数控系统大的自诊断功能，具体以后单独分析。

1）常规方法

① 直观法。这是一种最基本的方法。维修人员通过对故障发生时的各种光、声、味等异常现象的观察，往往可将故障范围缩小到一个模块或一块印制电路板。这要求维修人员具有丰富的实际经验，要有多学科的知识和综合判断的能力。

问：机床的故障现象、加工状况等。

看：CRT 报警信息、报警指示灯、熔丝断否、元器件烟熏烧焦、电容器膨胀变形、开裂、保护器脱扣、触头火花等。

听：异常声响（铁心、欠电压、振动等）。

闻：电器元件焦煳味及其他异味。

摸：发热、振动、接触不良等。

② 自诊断功能法。现代的数控系统已经具备了较强的自诊断功能，能随时监视数控系统的硬件和软件的工作状况。一旦发现异常，立即在显示器上显示报警信息或用发光二极管指示出故障的大致起因。利用自诊断功能，也能显示出系统与主机之间接口信号的状态，从而判断出故障发生在机械部分还是数控系统部分，并指示出故障的大致部位。这个方法是当前维修最有效的一种方法。

③ 功能程序测试法。所谓功能程序测试法就是将数控系统的常用功能和特殊功能，如直线定位、圆弧插补、螺纹切削、固定循环、用户宏程序等用手工编程或自动编程方法，编制成一个功能程序，送入数控系统中，然后启动数控系统，使之进行运行加工，借着检查机床执行这些功能的准确性和可靠性，进而判断出故障发生的可能原因。本方法对于长期闲置的数控机床第一次开机时的检查以及机床加工造成废品但又无报警时，一时难以确定是编程错误、操作错误，或是机床故障时的判断是一种较好的方法。

④ 交换法。这是一种简单易行的方法，也是现场判断时最常用的方法之一。所谓交换法就是在分析出故障大致起因的情况下，维修人员利用备用的印制电路板、模板、集成电路芯片或元器件替换有疑点的部分，从而把故障范围缩小到印制电路板或芯片一级。它实际上也是在验证分析的正确性。

⑤ 转移法。所谓转移法，就是将 CNC 系统中具有相同功能的两块印制电路板、模块、集成电路芯片或元器件互相交换，观察故障现象是否随之转移。借此，可迅速确定系统的故障部位。这个方法实际上就是交换法的一种。因此，有关注意事项同交换法。

⑥ 参数检查法。众所周知，数控参数能直接影响数控机床的功能。参数通常是存放在磁盘存储器或存放在需由电池保持的 CMOS RAM 中，一旦电池电量不足或由于外界的某种干扰等因素，会使个别参数丢失或变化，使机床无法正常工作。此时，通过核对、修正参数，就能将故障排除。当机床长期闲置，工作时无缘无故地出现不正常现象或有故障而无报警时，就应根据故障特征，检查和校对有关参数。

⑦ 测量比较法。CNC 系统生产厂在设计印制电路板时，为了调整、维修方便，在印制电路板上设计了多个检测用端子。用户也可利用这些端子比较测量正常的印制电路板和有故障的印制电路板之间的差异。可以检测这些测量端子的电压或波形，分析故障的起因及故障的所在位置，甚至有时还可对正常的印制电路人为地制造"故障"，如断开连线或短路、拔去组件等，以判断真实故障的起因。因此，维修人员应在平时积累印制电路板上关键部位或易出故障部位在正常时的正确波形和电压值，因为 CNC 系统生产厂往往不提供有关这方面的资料。

⑧ 敲击法。当系统出现的故障表现不明显时，往往可用敲击法检查出故障的部位所在。这是由于 CNC 系统是由多块印制电路板组成，每块板上又有许多焊点，板间或模块间又通过插接件及电线相连。因此，任何虚焊或接触不良都可能引起故障。当用绝缘物轻轻敲打有虚焊及接触不良的疑点处时，故障肯定会重复再现。

⑨ 局部升温。CNC 系统经过长期运行后元器件均要老化，性能会变坏。当它们尚未完全损坏时，出现的故障变得时有时无。这时可用热吹风机或电烙铁等来使被怀疑的元器件局部升温，加速其老化，以便彻底暴露故障部件。当然，采用此法时，一定要注意元器件的温度参数等，不要将原来是好的器件烤坏。

⑩ 原理分析法。根据 CNC 系统的组成原理，可从逻辑上分析各点的逻辑电平和特征参数（如电压值或波形），然后用万用表、逻辑笔、示波器或逻辑分析仪进行测量、分析和比较，从而对故障定位。运用这种方法，要求维修人员必须对整个系统或每个电路的原理有较深的了解。

除了以上常用的故障检查测试方法外，还有拔板法、电压拉偏法、开环检测法等多种诊断方法。这些检查方法各有特点，按照不同的故障现象，可以同时选择几种方法灵活应用，对故障进行综合分析，才能逐步缩小故障范围，较快地排除故障。

2）先进方法

① 远程诊断。远程诊断是数控系统生产厂家维修部门提供的一种先进的诊断方法，这种方法采用网络通信手段，该系统一端连接用户的 CNC 系统中的专用"远程通信接口"，再连接到 Internet 上，另一端通过 Internet 连接到设备远程维修中心的专用诊断计算机上。由诊断计算机向用户的 CNC 系统发送诊断程序，并将测试数据送回到诊断计算机进行分析，得出诊断结论，然后再将诊断结论和处理方法通知用户。大约 20% 的服务可以通过远程诊断和远程服务进行处理和解决，而且用于故障诊断和故障排除的时间可以降低 90%，维修和维护的费用可以降低 20%~50%。采用远程诊断和远程服务降低服务费用的支出，提高经济效益，从而进一步增强市场竞争力。

这种远程故障诊断系统不仅可用于故障发生后对 CNC 系统进行诊断，还可对用户作定期预防性诊断。双方只需按预定时间对数控机床作一系列试运行检查，将检测数据通过网络传送到维修中心的诊断计算机进行分析、处理，维修人员不必亲临现场，就可及时发现系统可能出现的故障隐患。

② 自修复系统。就是在系统内设置有备用模块，在 CNC 系统的软件中装有自修复程序。当该软件在运行时一旦发现某个模块有故障时，系统一方面将故障信息显示在显示器

上，同时自动寻找是否有备用模块，如有备用模块，则系统能自动使故障模块脱机，而接通备用模块，使系统能较快地进入正常工作状态。这种方案适用于无人管理的自动化工作的场合。

③ 专家诊断系统。专家诊断系统又称为智能诊断系统。它将专业技术人员、专家的知识用户和维修技术人员的经验整理出来，运用推理的方法编制成计算机故障诊断程序库。专家诊断系统主要包括知识库和推理机两部分，知识库中以各种规则形式存放着分析和判断故障的实际经验和知识，推理机对知识库中的规则进行解释，运行推理程序，寻求故障原因和排除故障的方法。操作人员通过 CRT/MDI 用人机对话的方式使用专家诊断系统，输入数据或选择故障状态，从专家诊断系统处获得故障诊断的结论。FANUC 系统中就引入了专家诊断的功能。

★**技能训练**：学习小组在组长组织下，分别到 4 台数控机床旁，在机床上找到润滑、冷却、排屑、液压、气动与防护装置；CNC 装置、PLC 控制器、CRT 显示器、伺服单元、输入输出装置；继电器、开关、熔断器、电动机、行程开关具体位置。

1.5　数控维修人员的基本要求

维修工作开展的好坏（高的效率和好的效果）首先取决于维修人员的素质。为了迅速、准确地判断故障原因，并进行及时、有效地处理，恢复机床的动作、功能和精度，维修人员应满足以下基本要求：

1）工作态度要端正。应有高度的责任心和良好的职业道德。

2）具有较广的知识面。根据故障现象，对故障的真正原因和故障部位尽快进行判断，是机床维修的第一步，这是维修人员必须具备的素质，同时如何快速地进行判断也对维修人员素质提出了很高的要求。主要有以下方面的要求：①掌握计算机原理、电子技术、电工原理、自动控制与电动机拖动、检测技术、机械传动及机加工工艺方面的基础知识；②既要懂电，又要懂机，电包括强电和弱电，机包括机、液、气；③维修人员还必须经过数控技术方面的专业培训，掌握数字控制、伺服驱动及 PLC 的工作原理，懂得 NC 和 PLC 编程。此外，维修时为了对某些电路与零件进行现场测试，作为维修人员还应当具备一定的工程图识读能力。

3）具有一定的外语基础，特别是专业外语。一个高素质的维修人员，要对国内、外多种数控机床都能维修。但国外数控系统的配套说明书、资料往往使用外文资料，数控系统的报警文本显示亦以外文居多。为了能迅速根据说明书所提供信息与系统的报警提示，确认故障原因，加快维修进程，要求具备一定的专业外语阅读能力。

4）善于学习，勤于学习，善于思考。国外、国内数控系统种类繁多，而且每种数控系统的说明书内容通常也很多，包括操作、编程、连接、安装调试、维护维修、PLC 编程等多种说明书，都需要学习。而每台数控机床，其内部各部分之间的联系紧密，故障涉及面很广，而且有些现象不一定能够反映出故障产生的原因，作为维修人员，一定要透过故障的表象，通过分析故障产生的过程，针对各种可能产生的原因，仔细思考分析，迅速找出发生故障的根本原因并予以排除。应做到"多动脑，慎动手"，切记草率下结论，盲目更换元器件。

5）有较强的动手能力和试验技能。数控系统的维修离不开实际操作，首先要求能熟练地操作机床，而且维修人员要能进入一般操作者无法进入的特殊操作模式，如：各种机床以及有些硬件设备自身参数的设定与调整、利用 PLC 编程器监控等。此外，为了判断故障原因，维修过程可能还需要编制相应的加工程序，对机床进行必要的运行试验与工件的试切削。其次，还应该能熟练地使用维修所必需的工具、仪器和仪表。

6）应养成良好的工作习惯。需要胆大心细，动手操作必须要有明确目的、完整的思路、细致的动作。做到如下几点：①动手前应仔细思考、观察，找准切入点；②动手过程要做好记录，尤其是对于电器元件的安装位置、导线号、机床参数、调整值等都必须做好明显的标记，以便恢复；③维修完成后，应作好"收尾"工作，如：将机床、系统的外壳、紧固件安装到位；将电线、电缆整理整齐等。

⚠️ **注意**：数控系统的某些模块是需要电池保持参数的，对于这些电路板和模块切勿随意插拔；更不可以在不了解元器件作用的情况下，随意调换数控装置、伺服、驱动等部件中的器件、设定端子；任意调整电位器位置，任意改变设置参数，随意更换数控系统软件版本，以避免产生更严重的后果。

2 制订维修工作计划

2.1 资料收集和技术准备

（1）数控系统相关资料

1）数控系统厂家资料：编程、操作、连接、维修、参数、调试技术说明书。如：《数控系统操作手册》《数控系统编程手册》《数控系统维修手册》《数控系统参数手册》《伺服驱动系统使用说明书》。

2）机床制造厂家资料：机械、电气技术说明。如《数控机床电气使用说明书》《数控机床结构简图》《数控机床参数表》《数控机床 PLC 控制程序》。

（2）必要维修用器具

1）测量仪器仪表：万用表、逻辑测试笔、示波器、PLC 编程器、IC 测试仪。

2）维修工具：电烙铁、吸锡器、螺钉旋具、扳手。

★**技能训练**：学习小组在组长组织下，会用万用表、逻辑测试笔、示波器、电烙铁、吸锡器、螺钉旋具、扳手，找出机床编程、操作、参数技术说明书、机械说明书、电气说明书等资料。

2.2 维修工作计划

1）列出维修数控铣床 FV85A（数控系统：FANUC 18*i*）应准备的技术资料。

_____

_____

_____

2）列出维修数控铣床 FV85A（数控系统：FANUC 18i），应准备的工具清单。

_____

_____

_____

_____

3　实施维修准备工作

1）到资料室、工具室办理相关手续，借出以上资料和工具，

资料保管负责人：_____

工具保管负责人：_____

2）到车间数控铣床 FV85A 处，准备维修前期工作。

4　检查维修准备工作质量

1）学习小组互评打分：_____

2）老师评价打分：_____

_____

_____

_____

5　工作总结

1）分析自己最适合维修机械部分，还是电气部分。

_____

_____

_____

_____

2）针对数控机床维修，明确自己在哪些方面的知识还需要加强。

_____

_____

_____

学习领域 2

与DNC、网络数据传输有关
故障的维修

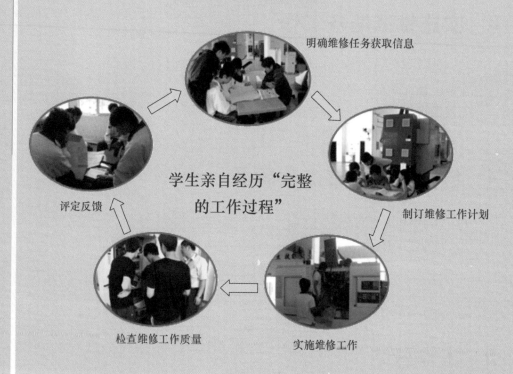

明确维修任务获取信息

制订维修工作计划

学生亲自经历"完整的工作过程"

评定反馈

检查维修工作质量

实施维修工作

工作任务：

　　数控车间主管把机床故障报到维修部：有一台加工中心
FV85A（数控系统：FANUC 18i）用 DNC 方式加工无效；用网络
及数据线也不能将程序传输到机床 CNC。维修部主管派你去维修。

1 信息收集

❖ **讨论**：数控机床 CNC 与普通计算机有何不同，能储存多少资料？为什么工业计算机内存很小，一般没有硬盘？

1.1 DNC 技术概述

DNC（Direct Numerical Control）技术即直接数字控制或分布数字控制技术，是构成网络化制造的最基本的一项应用技术。基本含义为对加工作业进行分散控制与集中监测及管理，并可全方位相互交换信息，已成为功能强大、全面、可靠的车间信息网络。

无论采用何种方式编制的数控程序都要经过数控设备的数控装置加以转换、运算，形成控制数控机床运动的信息，并以脉冲的形式发送给数控机床的伺服驱动装置，控制机床的各个运动部件按给定的要求动作，如各坐标运动位置及速度、主轴的起动、停止及变速、切削液通断、工件夹紧、排屑等。

早期的数控机床主要利用纸带作为数控程序载体，因此阻碍了 CNC 的充分利用。在 20 世纪 60 年代，人们开始用一台中央计算机来控制多台 CNC 机床，在中央计算机中存储多个机床加工的零件数控程序并负责 NC 程序的管理和传送，形成了直接数字控制（Direct Numeric Control，DNC）。这样可以减少数控系统的设置时间，显著降低机床的准备时间，提高机床利用率。

随着 CNC 技术不断发展，DNC 的含义也由简单的直接数字控制发展到分布数字控制（Distributed Numerical Control，DNC）系统。分布式 DNC 克服了直接式 DNC 的缺点，用一台计算机或多台计算机及其网络向分布在不同地点的多台数控机床实施综合数字控制，传送数控程序，数控程序可以保存在数控机床的存储器中并能独立工作。操作者可以收集、编辑这些程序，而不依赖于中央计算机。分布式数字控制除具有直接数字控制的功能外，还具有收集系统信息、监视系统状态和远程控制功能。

由 CAM 软件系统后置处理器完成的 NC 数据程序可通过三种方式传送到数控机床进行数控加工：

1）穿孔带。程序经穿孔机穿制成穿孔带，再由数控机床附带的纸带（图 2-1）阅读机将 NC 程序输入到机床的控制系统，这种方法已经被现代数控机床所淘汰。了解此原理，能帮助理解现代数控机床传输参数的意义。

2）磁盘。将 NC 程序储存于磁盘介质上，再由机床数控系统附带的磁盘驱动器将磁盘上的程序读入到数控

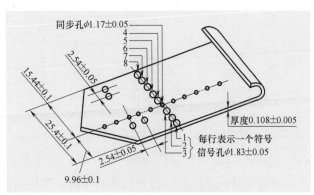

图 2-1　8 位标准穿孔带

系统。

3）DNC 传送。DNC 是利用计算机对数控机床进行直接控制的系统接口（RS-232C）。通过 DNC 接口将计算机与数控机床连接起来，实现计算机与机床之间的直接通信，将 NC 程序直接传送给机床数控系统，直接控制数控机床的加工。DNC 可以充分利用资源，最大限度地提高机床生产率，对多台机床同时控制。

1.2 DNC 技术原理

（1）计算机信息格式

ASCII 码是美国国家信息交换标准字符码（American Standard Code for Information Interchange）的字头缩码。早期的 ASCII 码采用 7 位二进制代码对字符进行编码。它包括 32 个通用控制字符，10 个阿拉伯数字，52 个英文大、小字母，34 个专用符号，共 128 个。7 位 ASCII 代码在最高位添加一个"0"组成 8 位代码，正好占一个字节，在存储和传输信息中，最高位常作为奇偶校验位使用。扩展 ASCII 码，即第 8 位不再作为校验位而是当作编码位使用。扩展 ASCII 码有 256 个（表2-1）。

表 2-1　ASCII 码对照表

ASCII 码	键盘	ASCII 码	键盘	ASCII 码	键盘	ASCII 码	键盘
27	ESC	32	SPACE	33	!	34	"
35	#	36	$	37	%	38	&
39	'	40	(	41	)	42	*
43	+	44	,	45	-	46	.
47	/	48	0	49	1	50	2
51	3	52	4	53	5	54	6
55	7	56	8	57	9	58	:
59	;	60	<	61	=	62	>
63	?	64	@	65	A	66	B
67	C	68	D	69	E	70	F
71	G	72	H	73	I	74	J
75	K	76	L	77	M	78	N
79	O	80	P	81	Q	82	R
83	S	84	T	85	U	86	V
87	W	88	X	89	Y	90	Z
91	[	92	\	93	]	94	^
95	_	96	`	97	a	98	b
99	c	100	d	101	e	102	f
103	g	104	h	105	i	106	j
107	k	108	l	109	m	110	n
111	o	112	p	113	q	114	r
115	s	116	t	117	u	118	v
119	w	120	x	121	y	122	z
123	{	124	l	125	}	126	~

（2）RS-232 串行通信功能

随着计算机系统的应用和网络的发展，通信功能显得越来越重要。这里所说的通信是指计算机与外界的信息交换。因此，通信既包括计算机与外部设备之间，也包括计算机和计算机之间的信息交换。基本的通信方式有并行通信和串行通信两种。

一条信息的各位数据被同时传送的通信方式称为并行通信。并行通信的特点是：各数据位同时传送，传送速度快、效率高，但有多少数据位就需多少根数据线，因此传送成本高，且只适用于近距离（相距数米）的通信。

一条信息的各位数据被逐位按顺序传送的通信方式称为串行通信。串行通信的特点是：数据位传送，传送按位顺序进行，最少只需一根传输线即可完成，成本低且传送速度慢。串行通信的距离可以从几米到几千米。各 CPU 之间的通信一般都是串行方式。所以串行接口是计算机应用系统常用的接口。许多外围设备和计算机按串行方式进行通信。

1）串行通信的概念。所谓"串行通信"是指外围设备和计算机间使用一根数据信号线（另外需要地线，可能还需要控制线），数据在一根数据信号线上一位一位地进行传输，每一位数据都占据一个固定的时间长度，如图 2-2 所示。这种通信方式使用的数据信号线少，在远距离通信中可以节约通信成本，当然，其传输速度比并行传输慢。

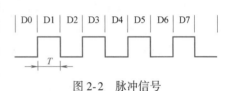

图 2-2　脉冲信号

由于 CPU 与接口之间按并行方式传输，接口与外围设备之间按串行方式传输。因此，在串行接口中，必须要有"接收移位寄存器"（串→并）和"发送移位寄存器"（并→串）。典型串行接口的结构如图 2-3 所示。

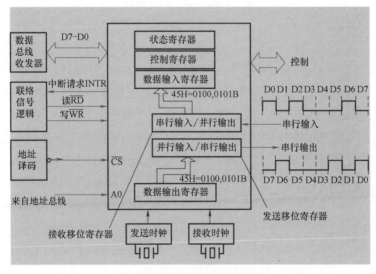

图 2-3　典型串行接口的结构

在数据输入过程中，数据一位一位地从外围设备进入接口的"接收移位寄存器"，当"接收移位寄存器"中已接收完一个字符的各位后，数据就从"接收移位寄存器"进入"数据输入寄存器"。CPU 从"数据输入寄存器"中读取接收到的字符（并行读取，即 D7～D0 同时被读至累加器中）。"接收移位寄存器"的移位速度由"接收时钟"确定。

在数据输出过程中，CPU 把要输出的字符（并行地）送入"数据输出寄存器"，"数据输出寄存器"的内容传输到"发送移位寄存器"，然后由"发送移位寄存器"移位，把数据一位一位地送到外围设备。"发送移位寄存器"的移位速度由"发送时钟"确定。

接口中的"控制寄存器"用来容纳 CPU 送给此接口的各种控制信息,这些控制信息决定接口的工作方式。"状态寄存器"的各位称为"状态位",每一个状态位都可以用来指示数据传输过程中的状态或某种错误。例如,用状态寄存器的 D5 位为"1"表示"数据输出寄存器"空,用 D0 位表示"数据输入寄存器满",用 D2 位表示"奇偶检验错"等。

能够完成上述"串<-->并"转换功能的电路,通常称为"通用异步收发器"(UART:Universal Asynchronous Receiver and Transmitter),典型的芯片有:Intel 8250/8251,16550。

2) 奇偶校验。串行数据在传输过程中,干扰可能引起信息出错。例如,传输字符"E",其各位为:0100,0101 = 45H

由于干扰,可能使位 0 变为 1,这种情况,我们称为出现了"误码"。我们把如何发现传输中的错误,叫作"检错"。发现错误后,如何消除错误,叫作"纠错"。最简单的检错方法是"奇偶校验",即在传送字符的各位之外,再传送 1 位奇/偶校验位。可采用奇校验或偶校验。

奇校验:所有传送的数位(含字符的各数位和校验位)中,"1"的个数为奇数,如:
1 0110, 0101
0 0110, 0001
偶校验:所有传送的数位(含字符的各数位和校验位)中,"1"的个数为偶数,如:
1 0100, 0101
0 0100, 0001

奇偶校验能够检测出信息传输过程中的部分误码(1 位误码能检出,2 位及 2 位以上误码不能检出),同时,它不能纠错。在发现错误后,只能要求重发。但由于其实现简单,仍得到了广泛使用。有些检错方法,具有自动纠错能力,如循环冗余码(CRC)检错等。

3) 串口通信传输速率波特率。在串行通信中,用"波特率"来描述数据的传输速率。所谓波特率,即每秒钟传送的二进制位数,其单位为 bit/s(bits per second)。它是衡量串行数据速度快慢的重要指标。有时也用"位周期"来表示传输速率,位周期是波特率的倒数。国际上规定了一个标准波特率系列:110bit/s、300bit/s、600bit/s、1200bit/s、1800bit/s、2400bit/s、4800bit/s、9600bit/s、14.4kbit/s、19.2kbit/s、28.8kbit/s、33.6kbit/s、56kbit/s。例如:9600bit/s,指每秒传送 9600 位,包含字符的数位和其他必需的数位,如奇偶校验位等。大多数串行接口电路的接收波特率和发送波特率可以分别设置,但接收方的接收波特率必须与发送方的发送波特率相同。通信线上所传输的字符数据(代码)是逐位传送的,1个字符由若干位组成,因此每秒钟所传输的字符数(字符速率)和波特率是两种概念。在串行通信中,所说的传输速率是指波特率,而不是指字符速率,它们两者的关系是:假如在异步串行通信中,传送一个字符,包括 12 位(其中有一个起始位,8 个数据位,2 个停止位),其传输速率是 1200B/s,每秒所能传送的字符数是 1200 个/(1+8+1+2) = 100 个。

4) 串口通信—异步通信方式。串行通信可以分为两种类型:同步通信、异步通信。以起止式异步协议为例,图 2-4 显示的是起止式一帧数据的格式。

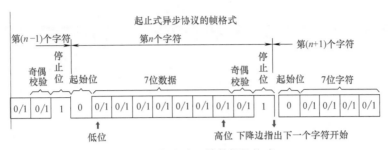

图 2-4　起止式一帧数据的格式

起止式异步通信的特点是：一个字符一个字符地传输，每个字符一位一位地传输，并且传输一个字符时，总是以"起始位"开始，以"停止位"结束，字符之间没有固定的时间间隔要求。每一个字符的前面都有一位起始位（低电平，逻辑值），字符本身由 5~7 位数据位组成，接着字符后面是一位校验位（也可以没有校验位），最后是一位、一位半或二位停止位，停止位后面是不定长的空闲位。停止位和空闲位都规定为高电平（逻辑值 1），这样就保证起始位开始处一定有一个下跳沿。

从图中 2-4 可看出，这种格式是靠起始位和停止位来实现字符的界定或同步的，故称为起止式协议。

5）串口通信—通信协议。所谓通信协议是指通信双方的一种约定。约定包括对数据格式、同步方式、传送速度、传送步骤、检验纠错方式以及控制字符定义等问题做出统一规定，通信双方必须共同遵守。因此，也叫做通信控制规程或称传输控制规程，

6）RS-232-C 标准。RS-232-C 接口（又称为 EIA RS-232-C）是目前最常用的一种串行通信接口。它是在 1970 年由美国电子工业协会（EIA）联合贝尔系统、调制解调器厂家及计算机终端生产厂家共同制定的用于串行通信的标准。它的全名是"数据终端设备（DTE）和数据通信设备（DCE）之间串行二进制数据交换接口技术标准"该标准规定采用一个 25 个脚的 DB25 连接器，对连接器的每个引脚的信号内容加以规定，还对各种信号的电平加以规定，即信号电平标准和控制信号线的定义。RS-232-C 采用负逻辑规定逻辑电

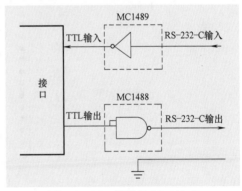

图 2-5　TTL 标准和 RS-232-C
标准之间的电平转换

平，信号电平与通常的 TTL 电平也不兼容，RS-232-C 将 $-15 \sim -5\text{V}$ 规定为"1"，$+5 \sim +15\text{V}$ 规定为"0"。图 2-5 是 TTL 标准和 RS-232-C 标准之间的电平转换。

① 接口的信号内容。实际上 RS-232-C 的 25 条引线中有许多是很少使用的，在计算机与终端通信中一般只使用 3~9 条引线。RS-232-C 最常用的 9 条引线的信号内容见表 2-2。

② 接口的电气特性。在 RS-232-C 中任何一条信号线的电压均为负逻辑关系。即：逻辑"1"，$-5 \sim -15\text{V}$；逻辑"0" $+5 \sim +15\text{V}$。噪声容限为 2V。即要求接收器能识别低至 +3V 的信号作为逻辑"0"，高到 -3V 的信号作为逻辑"1"。

表 2-2　RS-232-C 最常用的 9 条引线的信号内容

引脚序号	信号名称	符号	流向	功能
2	发送数据	TXD	DTE→DCE	DTE 发送串行数据
3	接收数据	RXD	DTE←DCE	DTE 接收串行数据
4	请求发送	RTS	DTE→DCE	DTE 请求 DCE 将电路切换到发送方式
5	允许发送	CTS	DTE←DCE	DCE 告诉 DTE 电路已接通可以发送数据
6	数据设备准备好	DSR	DTE←DCE	DCE 准备好
7	信号地			信号公共地
8	载波检测	DCD	DTE←DCE	表示 DCE 接收到远程载波
20	数据终端准备好	DTR	DTE→DCE	DTE 准备好
22	振铃指示	RI	DTE←DCE	表示 DCE 与电路接通,出现振铃

③ 接口的物理结构。RS-232-C 接口连接器一般使用型号为 DB-25 的 25 芯插头座,通常插头在 DCE 端,插座在 DTE 端。一些设备与 PC 连接的 RS-232-C 接口,因为不使用对方的传送控制信号,只需三条接口线,即"发送数据"、"接收数据"和"信号地"。所以采用 DB-9 的 9 芯插头座,传输线采用屏蔽双绞线。

④ 传输电缆长度。由 RS-232C 标准规定在码元畸变小于 4% 的情况下,传输电缆长度应为 15m,其实这个 4% 的码元畸变是很保守的,在实际应用中,约有 99% 的用户是按码元畸变 10%~20% 的范围工作的,所以实际使用中最大距离会远超过 15m。

7) RS-232-C 连接器 (图 2-6)。由于 RS-232C 并未定义连接器的物理特性。因此,出现了 DB-25、DB-15 和 DB-9 各种类型的连接器,其引脚的定义也各不相同。两种连接器的引脚定义见表 2-3。

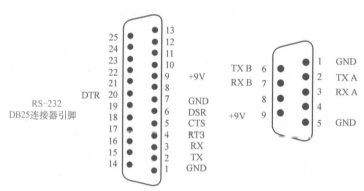

图 2-6　RS-232-C 连接器

表 2-3　两种连接器的引脚定义

9 针串口 (DB9)			25 针串口 (DB25)		
针号	功能说明	缩写	针号	功能说明	缩写
1	数据载波检测	DCD	8	数据载波检测	DCD
2	接收数据	RXD	3	接收数据	RXD
3	发送数据	TXD	2	发送数据	TXD
4	数据终端准备	DTR	20	数据终端准备	DTR
5	信号地	GND	7	信号地	GND
6	数据设备准备好	DSR	6	数据准备好	DSR
7	请求发送	RTS	4	请求发送	RTS
8	清除发送	CTS	5	清除发送	CTS
9	振铃指示	DELL	22	振铃指示	DELL

（3）DNC 通信接线图

RS-232 异步串行通信接线如图 2-7 所示，RS-232 异步串行通信电缆如图 2-8 所示。

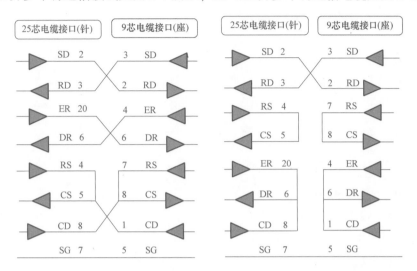

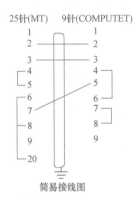

简易接线图

图 2-7　RS-232 异步串行通信接线

图 2-8　RS-232 异步串行通信电缆

★**技能训练**：以学习小组为单位，准备 DNC 通信电缆制作材料，练习焊线基本功，并每位同学焊一条合格 DNC 通信电缆。

材料准备：

1）7 芯线 20m。

2）25 针插针 20 个。

3）9 针插槽 20 个。

4）电焊烙铁 20 支。

5）焊锡若干。

1.3　DNC 数控机床参数设定

数控机床 DNC 加工实现要素：①计算机及参数设定；②传输软件及参数设定；③数控机床 CNC 及参数设定；④通信电缆。

（1）三菱 M64、M65 参数设定

9101	FDD	9111	3
9102	1	9112	1
9103	3	9113	0
9104	0	9114	100
9105	0	9115	0
9106	3	9116	30
9107	3	9117	0
9108	3	9118	0
9109	1	9119	
9110	0	9120	

9102 波特率：设 1 = 9600bit/s，设 0 = 19200bit/s

PORT 通道均设为 2

（2）FANUC 参数设定（0i 系列、18M 系列、18iM 系列）

1）通道设定。

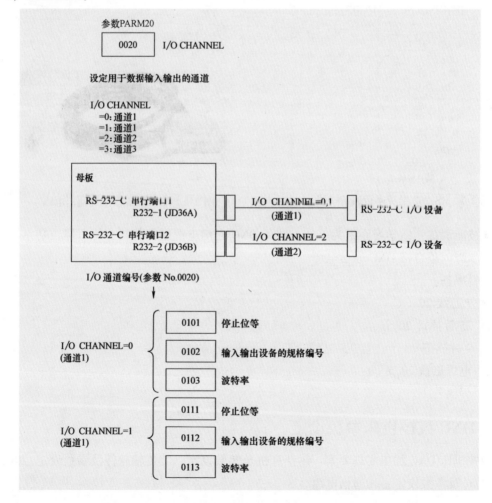

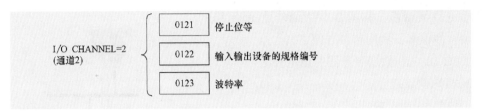

2）参数设定。

PRM00 = ISO

PRM20 = 0

PRM0101 = 10000001　　　　　（位停止）

PRM0102 = 0　　　　　　　　（输入、输出设备）

PRM0103 = 12　　　　　　　　（波特率）

其中 PRM0103 为波特率：设 10 = 4800bit/s，设 11 = 9600bit/s，设 12 = 19200bit/s

3）传输软件参数设定（图 2-9）。

Port　　　　　　COM1

Parity　　　　　Even

Data bits　　　　7

Stop bits　　　　2

Baud rate　　　　9600

图 2-9　传输软件参数设定

1.4　网络数据传输

用数据服务器方式进行 DNC 加工比普通 DNC 加工更可靠，也更稳定。另外，因为数据服务器使用了文件传输协议（FTP），所以可在计算机上完全脱离 FANUC 的软件进行各种传

输工作，更具灵活性，如图 2-10 所示。目前网络的
FTP 相关软件很多，使用非常方便。

FANUC 18*i*-MB 数据服务器的设定方法：

（1）机床侧设定方法（Setting 中 I/O = 5）

1）选择"MDI"模式。

2）按 SETTING 键→按【SETTING】软键→选择
（SETTING HANDY）画面→设定"PWE = 1"。

3）按 SYSTEM 键→出现"输入出"的画面→按
【NC 系统】软键→按【+】（不出"+"键按▲键，
出现"+"软键→按【ETHPRM】软键→按
【(OPRT)】软键→按【BOARD】软键。

4）出现"ETHRNET PARAMETER PAGE：1/5"页
面（此页面用于设定"机床 IP 地址"）。

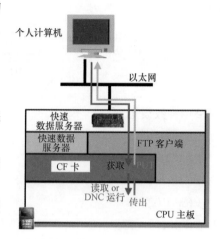

图 2-10　数据服务器方式

"IP ADDRESS"：　　　　（例：192. 168. 0. 112）——机床的"IP 地址"

"SUBNET MASK"：　　　（例：255. 255. 255. 0）——机床的"子网掩码"

5）按 PAGE↓键→出现"ETHERNET PARAMETER PAGE：2/5"的页面（此网页用于
设定"计算机 IP 地址"）。

"IP ADDRESS"　　：　　（例：192. 168. 0. 111）——计算机的"IP 地址"

"USER NAME"　　　：　（例：NVD5000）　　　　——计算机的"计算机名"或机床名
　　　　　　　　　　　　　　　　　　　　　　　　　"MV106A"

（2）查看计算机的"计算机名"步骤

选择桌面上的"我的计算机"→单击鼠标"右键"并选择属性→出现"系统属性"画
面→选择"计算机名"→记下"计算机全名"即可。

"PASSWORD"：　　　（例：0000）

"LOGIN DIR"：　　　　（例：D：¥DNC）——计算机 NC 程式所在的目录（必须在
D：建立 DNC 文件夹 D：\ DNC）

（D：¥DNC 输入方法：输入"D"→按住【UNLOCK】软键→按【+】软键→按【：】
软键→按【¥】软键→按【UNLOCK】软键→输入"NC"→按软键【INPUT】即可）

1）按【PAGE↓】键→出现"ETHERNET PARAMETER PAGE：5/5"页面（此页面用
于设定"FTP SERVER"）。

"USER NAME"：（例：NVD5000）——计算机的"计算机名"或机床名"MV106A"

"PASSWORD"：（例：0000）

2）按 SETTING 键→按【SETTING】软键→选择（SETTING HANDY）画面→设定
"PWE = 0"。

3）按 RESET 键消除报警。

4）关闭 NC 电源，再打开 NC 电源。

5）机床侧有关数据服务器的设定完毕。

（3）计算机侧设定方法

1）选择桌面上的"网上邻居"→单击鼠标"右键"并选择"属性"→弹出"网路和拨号连接"窗口。

2）选择"本地连接"→单击鼠标"右键"并选择"属性"→弹出"本地连接属性"视窗。

3）选择"Internet 协定（TCP/IP）"→单击"属性"键→弹出"Internet 协定（TCP/IP）属性"视窗→选择"使用下面的 IP 地址（s）"。

"IP 地址"：　　　　　（例：192. 168. 0. 111）　　——计算机的"IP 地址"

"子网掩码"：　　　　（例：255. 255. 255. 0）　　——计算机的"子网掩码"

→单击"确定"键→单击"确定"键。

4）计算机侧有关数据报服器的设定完毕。

按（+）软键，找菜单，按【操作】软键，操作此菜单。

（4）计算机 FTP 软键侧设定方法

1）安装软件到计算机上。

2）启动【QuickFTP V2. 3】软件→输入注册码"iTN- UOLFDTERIm"将软件注册：→helpabout→register。

3）选择"Site1"页面。

"FTP Address"：　　（例：192. 168. 0. 112）——机床的"IP 地址"

"User Name"：　　　（例：NVD5000）——计算机的"计算机名"或机床名"MV106A"

"Password"：　　　　（例：0000）

"Directory"：　　　　（空白）

"Download To"：　　（例：D：\ NC）——需要现在计算机上建立目录："D：\ NC"

单击【Login】键→出现"Directory"："/NCDATA"→机床与计算机之间通过 FTP 软件建立了连接。

Brown——选文件夹。

1.5　18 *i*M 程序加工的四种形式

1）NC memery 在 AUTO 模式加工。

2）RMT 模式 ISO = 0 用 COM1 进行 DNC。

3）ATA（CF 卡），外接 MEMERY（图 2-11）。加工时，ISO = 4 RMT 模式。

TYPE（RMT）→PORG→ $>$ →DNC-CD→输入程序顺序号 13→按DNC-ST→按启动键

4）伺服硬盘（Sever Hard）（图 2-12）。数据服务器（快速以太网）传

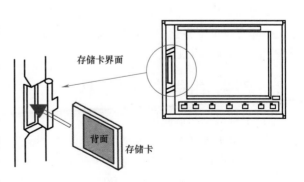

图 2-11　ATA(CF 卡)

输形式。系统 I/O 通道设定为：5。

图 2-12　伺服硬盘（Sever Hard）

说明：要正常使用数据服务器，必须确保数据服务器是［STORAGE］模式，非法设定将导致数据服务器不能正常工作，请勿擅自改动其设定。其正确设定方法如下：

1）选择［手动指令/MDI］模式。

2）按 SYSTEM 键→按【+】软键→直到出现［DS-MTN］软键。

3）按［DS-MTN］软键→按【（OPRT）】软键→按［STORAGE］软键→屏幕出现［CHANG THE MODE?］。

4）按［EXEC］软键→确认屏幕显示［STORAGE］模式→设定完成。

运行程序通过计算机传到数字伺服器（HD—DIR）中，NC 以传输模式 STORAGE 调用程序加工。具体操作如下：

RMT 模式→PROG→ > →HD-DIR→【操作】→ > →按 DNC—ST→输入程序档案号、域名，如 4→EXEC→显示 complete——再按程序启动键。

★技能训练：学习小组在组长组织下，对数控机床设定 DNC 参数、网络数据参数。

2　制订维修工作计划

2.1　资料收集

要对加工中心 FV85A（数控系统：FANUC 18i）DNC、网络数据传输有关的故障进行维修，必须有以下资料：《FANUC 18i 系统手册》《传输线、网络线接线图》《传输软件使用手册》《制造商使用手册》。

2.2　整理、组织并记录信息

1）了解机床制造商情况。

2）了解机床操作方法及常用操作画面。

3）询问机床操作员正常时 DNC、网络数据的传输情况。

4）询问在什么情况下出现故障，以及机床操作员做了哪些处理（这点非常重要）。

5）弄清需要的工具和材料。

2.3 维修工作计划

1）简述计算机检测及参数设定内容。

_____

_____

_____

_____

2）简述传输软件检测及参数设定内容。

_____

_____

_____

_____

3）简述数控机床 CNC 检测及参数设定内容。

_____

_____

_____

_____

4）简述通信电缆、网络数据线检测及维护内容。

_____

_____

_____

_____

3 实施维修工作

1）简述到加工中心 FV85A（数控系统：FANUC 18i）工作现场时所做的准备工作。

_____

_____

_____

2）简述安全维修原则。

_____

_____

_____

3）对 DNC 数据传输故障进行维修并记录。

4）对网络数据传输故障进行维修并记录。

4　检查维修工作质量

1）学习小组互检维修后 DNC、网络数据传输是否正常和稳定。

2）检查维修后机床各部分是否有损坏痕迹。

3）学习小组互评打分：_____

4）老师评价打分：_____

5　工作总结

1）总结维修过程中有没有走弯路？

2）针对 DNC、网络数据传输维修，明确自己在哪些方面的知识和技能还需要加强。

学习领域 3

辅助功能动作不能完成有关故障的维修

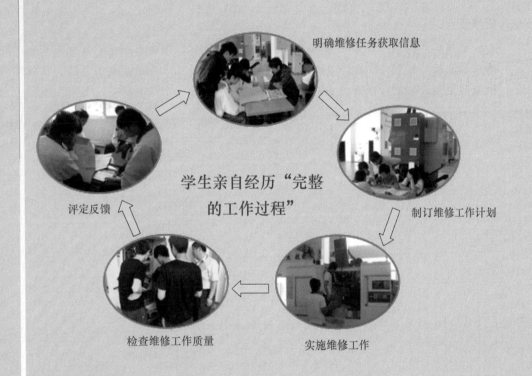

明确维修任务获取信息

制订维修工作计划

学生亲自经历"完整的工作过程"

评定反馈

检查维修工作质量

实施维修工作

工作任务：

  数控车间主管把机床故障报到维修部：有一台加工中心 FV85A（数控系统：FANUC 18*i*）的切削液抽不上来，卷屑器不工作。维修部主管派你去维修。

1 信息收集

🗣 讨论：数控机床主要辅助功能有哪些，如何测知功能是否正常？

保证数控机床的正常运行必需配套辅助功能，相应的辅助动作主要包括：工件自动交换（APC）、刀具自动交换（AtC）、工件夹紧与松开、工作台的回转、液压控制系统的润滑与冷却、排屑、照明、过载与限位保护以及对刀等。机床的功能与类型不同，其包含辅助功能的内容也有所不同。

研修重点

数控机床辅助动作由电动机带动机械机构来完成，掌握电动机的控制原理和机械结构的工作原理非常重要。如图3-1所示，三相异步电动机正反转控制主电路，根据你现有知识设计出几种控制方法并画出控制电路。

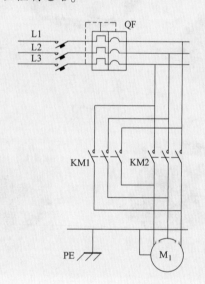

图 3-1 三相异步电动机正反转控制主电路

1.1 低压电器知识

工业生产中，生产机械的运动部件往往要求实现正反两个方向的运动，这就要求拖动电动机能正反向旋转。例如，铣床加工过程中工作台的左右、前后和上下运动，起重机的上升与下降等，可以采用机械控制、电气控制或机械电气混合控制的方法来实现，当采用电气控制方法实现时，要求电动机能实现正反转控制。从电动机的工作原理可知，改变电动机三相电源的相序即可改变电动机的旋转方向，而若改变三相电源的相序只需任意调换电源的两根进线。

本项目涉及的低压电器有断路器、熔断器、按钮、交流接触器、热继电器和电气识图及制图标准，电动机的点动、连续控制及正反转控制电路等内容。

低压电器的种类很多，分类方法也很多。按操作方式可分为手动操作方式和自动切换方式。手动操作方式主要是用手直接操作来进行切换；自动切换方式是依靠电器本身参数的变化或外来信号的作用来自动完成接通或分断等动作。按用途可分为低压配电电器和低压控制电器两大类。低压配电电器是指正常或事故状态下接通和断开用电设备和供电电网所用的电器；低压控制电器是指电动机完成生产机械要求的起动、调速、反转和停止所用的电器。

（1）按钮

按钮是一种用人力（一般为手指或手掌）操作，并具有储能（弹簧）复位的一种控制电器。按钮的触点允许通过的电流较小，一般不超过5A，因此一般情况下不直接控制主电路，而是在控制电路中发出指令或信号去控制接触器、继电器等电器，再由它们去控制主电路的通断、功能转换或电气联锁等。

按钮一般由按钮帽、复位弹簧、桥式常闭触点、常开触点、支柱连杆及外壳等部分组成。按钮的外形、结构与符号如图3-2所示。图中的按钮是一个复合按钮，工作时常开和常闭触点是联动的，当按钮被按下时，常闭触点先动作，常开触点后动作；而松开按钮时，常开触点先动作，常闭触点再动作。也就是说，两种触点在改变工作状态时，先后有个时间差，尽管这个时间差很短，但在分析电路控制过程时应特别注意。

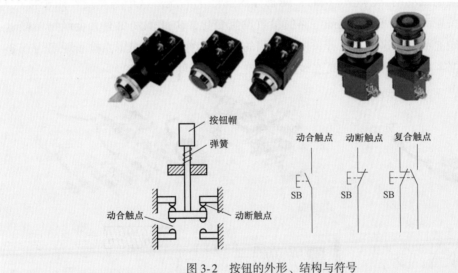

图3-2 按钮的外形、结构与符号

按钮的结构形式有多种，适合于以下各种场合；为了便于操作人员识别，避免发生误操作，生产中用不同的颜色和符号标志来区分按钮的功能及作用。紧急式——装有红色突出在外的蘑菇形按钮帽，以便紧急操作；旋钮式——用手旋转进行操作；指示灯式——在透明的按钮内装入信号灯，以作信号指示；钥匙式——为使用安全起见，必须用钥匙插入才能旋转操作。按钮的颜色有红、绿、黑、黄、白、蓝等，供不同场合选用。一般以红色表示停止按钮，绿色表示起动按钮。

（2）行程开关

行程开关（图3-3）又称为限位开关或位置开关，其作用和原理与按钮相同，只是其触点的动作不是靠手动操作，而是利用生产机械某些运动部件的碰撞使其触点动作。行程开关触点的电流一般不超过5A。

行程开关有多种结构形式，常用的有按钮式（直动式）、滚轮式（旋转式）。其中滚轮式又有单滚轮式和双滚轮式两种。

图3-3　行程开关

（3）接近开关

接近开关（图3-4）属于一种有开关量输出的位置传感器，根据工作原理的不同可分为电感式和电容式。电感式接近开关由 LC 高频振荡器和放大处理电路组成，利用金属物体在接近这个能产生电磁场的振荡感应头时，使物体内部产生涡流。这个涡流反作用于接近开关，使接近开关振荡能力衰减，内部电路的参数发生变化，由此识别出有无金属物体接近，进而控制开关的通或断。这种接近开关所能检测的物体必须是金属物体，检测距离为0.8～150mm。可根据客户需要制作成耐高温型接近开关，最高温度为150℃。

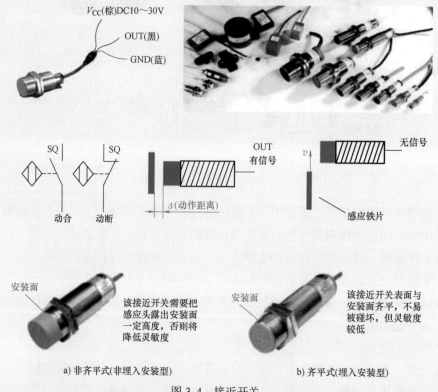

图3-4　接近开关

电容式接近开关的感应头通常是构成电容器的一个极板，而另一个极板是物体的本身，当物体移向接近开关时，物体和接近开关的介电常数发生变化，使得和感应头相连的电路状态也随之发生变化，由此便可控制开关的接通和关断。这种接近开关的检测物体，并不限于金属导体，也可以是绝缘的液体或粉状物体，在检测较低介电常数 ε 的物体时，可以顺时针调节多圈电位器（位于开关后部）来增加感应灵敏度。

（4）磁感应开关

磁感应开关（图 3-5）又称为磁敏开关，主要对气缸活塞行程进行非接触式检测。固定在活塞上的磁性环运动到相应位置时，由于其磁场的作用，使开关内振荡线圈的电流发生变化，内部放大器将电流转换成输出开关信号。

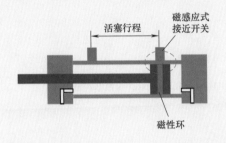

图 3-5 磁感应开关

（5）中间继电器

中间继电器（图 3-6）实质上一个电压线圈继电器，是用来增加控制电路中的信号数量或将信号放大的继电器。其输入信号是线圈的通电和断电，输出信号是触点的动作。它具有触点多，触点容量大，动作灵敏等特点。由于触点的数量较多，因此用来控制多个元件或回路。

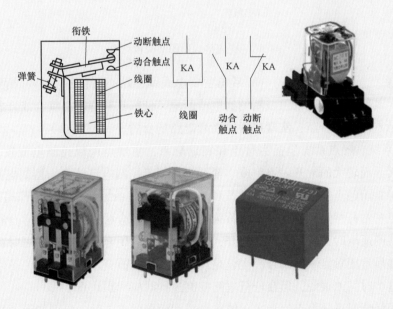

图 3-6 中间继电器

中间继电器的结构及工作原理与接触器基本相同,但中间继电器的触点对数多,且没有主辅之分,各对触点允许通过的电流大小相同,多数为 6A 。因此,对于工作电流小于 6A 的电气控制电路,可用中间继电器代替接触器实施控制。

(6) 接触器

1) 接触器的结构。接触器是一种能频繁地接通和断开远距离用电设备主电路及其他大容量用电回路的自动控制电器,分为交流和直流两类,控制对象主要是电动机、电热设备、电焊机及电容器组等。交流接触器主要由电磁系统、触点系统、灭弧装置及辅助部件等组成。交流接触器的结构和符号如图 3-7 所示。

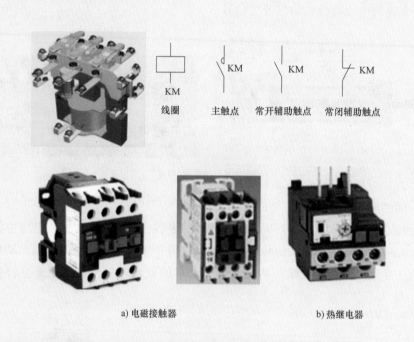

a) 电磁接触器　　　　　　　b) 热继电器

图 3-7　交流接触器的结构和符号

① 电磁系统。交流接触器的电磁系统主要由线圈、铁心(静铁心)和衔铁(动铁心)三部分组成。其作用是利用电磁线圈的通电或断电,使衔铁和静铁心吸合或释放,从而带动动触点与静触点闭合或分断,实现接通或断开电路的目的。

② 触点系统。触点系统包括主触点和辅助触点,主触点用以控制电流较大的主电路,一般由 3 对接触面较大的常开触点组成。辅助触点用于控制电流较小的控制电路,一般由 2 对常开和 2 对常闭触点组成。触点的常开和常闭是指电磁系统没有通电动作时触点的状态。因此常闭触点和常开触点有时又分别被称为动断触点和动合触点。工作时常开和常闭触点是联动的,当线圈通电时,常闭触点先断开,常开触点随后闭合,而线圈断电时,常开触点先恢复断开,随后常闭触点恢复闭合,也就是说两种触点在改变工作状态时,动作先后有个时间差,尽管这个时间差很短,但在分析电路控制过程时应特别注意。

触点按接触情况可分为点接触式、线接触式和面接触式 3 种,分别如图 3-8 所示。按触点的结构形式划分,有桥式触点和指形触点 2 种,如图 3-9 所示。

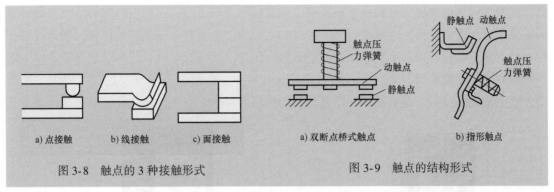

图 3-8　触点的 3 种接触形式　　　　图 3-9　触点的结构形式

③ 灭弧装置。交流接触器在断开大电流或高电压电路时，在动、静触点之间会产生很强的电弧。电弧的产生，一方面会灼伤触点，减少触点的使用寿命；另一方面会使电路切断时间延长，甚至造成弧光短路或引起火灾事故。容量在 10A 以上的接触器中都装有灭弧装置。在交流接触器中常用的灭弧方法有双断口电动力灭弧、纵缝灭弧、栅片灭弧等；直流接触器因直流电弧不存在自然过零点熄灭特性，因此只能靠拉长电弧和冷却电弧来灭弧，一般采取磁吹式灭弧。

2）接触器的主要技术参数。

① 额定电压。接触器铭牌额定电压是指主触点上的额定电压。通常用的电压等级如下。

直流接触器：110V，220V，440V，660V 等。

交流接触器：127V，22V，380V，600V 等。

如果某负载是 380V 的三相感应电动机，则应选 380V 的交流接触器。

② 额定电流。接触器铭牌额定电流是指主触点的额定电流。通常用的电流等级如下。

直流接触器：25A，40A，60A，100A，250A，400A，600A。

交流接触器：6A，10A，20A，40A，60A，100A，150A，250A，400A，600A。

③ 线圈的额定电压。通常用的电压等级如下。

直流线圈：24V，48V，220V，440V。

交流线圈：36V，127V，220V，380V。

④ 动作值。动作值是指接触器的吸合电压与释放电压。相关标准规定接触器在额定电压 85% 以上时，应可靠吸合，释放电压不高于额定电压的 70%。

⑤ 接通与分断能力。接触与分析能力是指接触器的主触点在规定的条件下能可靠地接通和分断的电流值，而不应发生熔焊、飞弧和过分磨损等。

⑥ 额定操作频率。额定操作频率是指每小时接通次数。交流接触器最高为 600 次/h；直流接触器可高达 1200 次/h。

（7）时间继电器

时间继电器可分为断电延时型（图 3-10）和通电延时型（图 3-11）两种类型。空气阻尼型时间继电器的延时范围大（有 0.4~60s 和 0.4~180s 两种），它的结构简单，但准确度较低。当线圈通电时，衔铁及托板被铁心吸引而瞬时下移，使瞬时动作触点接通或断开。但是活塞杆和杠杆不能同时跟着衔铁一起下落，因为活塞杆的上端连着气室中的橡胶膜，当活塞杆在释放弹簧的作用下开始向下运动时,橡胶膜随之向下凹,上面空气室的空气变得稀薄而使活塞杆受到阻尼作用而缓慢下降。经过一定时间,活塞杆下降到一定位置,便通过杠杆推动延时触点动作,使动断触点断开,动合触点闭合。从线圈通电到延时触点完成动作,这段时间就是继电器的延时时间。延时时间的长短可以用螺钉调节空气室进气孔的大小来改变。吸引线圈断电后,继电器依靠恢复弹簧的作用而复原。空气经出气孔被迅速排出。

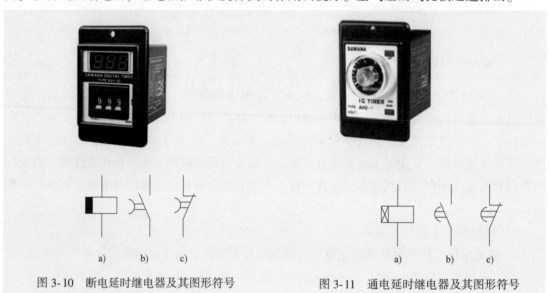

图 3-10 断电延时继电器及其图形符号   图 3-11 通电延时继电器及其图形符号

(8) 断路器

断路器(图 3-12)具有操作安全、使用方便、工作可靠、安装简单、动作后(如短路故障排除后)不需要更换元件(如熔体)等优点。因此,在工业、住宅等方面获得广泛应用。其分类如下:

图 3-12 断路器

1) 按极数分:单极、两极和三极

2) 按保护形式分:电磁脱扣器式、热脱扣器式、复合脱扣器式(常用)和无脱扣器式。

3) 按全分断时间分:一般式和快速式(先于脱扣机构动作,脱扣时间在 0.02s 以内)。

4) 按结构形式分:塑壳式、框架式、限流式、直流快速式、灭磁式和漏电保护式。

电力拖动与自动控制电路中常用的断路器为塑壳式,如 DZ5-20 系列。

如图 3-13 所示,1、2 为断路器的三对主触点(1 为动触点,2 为静触点),它们串联在被控制的三相电路中。当按下接触按钮时,外力使锁扣克服反力弹簧的斥力,将固定在锁扣上面的动触头 1 与静触头 2 闭合，并由锁扣锁住搭钩，使开关处于接通状态。

当开关接通电源后，电磁脱扣器、热脱扣器及欠电压脱扣器若无异常反应，开关运行正常。当电路发生短路或严重过载电流时，短路电流超过瞬时脱扣整定电流值，电磁脱扣器产生足够大的吸力，将衔铁吸合并撞击杠杆，使搭钩绕转轴座向上转动与锁扣脱开，锁扣在反力弹簧的作用下将三对主触头分断，切断电源。

当电路发生一般性过载时，过载电流虽不能使电磁脱扣器动作，但能使热元件产生一定热量，促使双金属片受热向上弯曲，推动杠杆使搭钩与锁扣脱开，将主触点分断，切断电源。

欠电压脱扣器的工作过程与电磁脱扣器恰恰相反，当电路电压正常时电压脱扣器产生足够的吸力，克服拉力弹簧的作用将衔铁吸合，衔铁与杠杆脱离，锁扣与搭钩才得以锁住，主触点方能闭合。当电路上电压全部消失或电压下降至某一数值时，欠电压脱扣器吸力消失或减小，衔铁被拉力弹簧拉开并撞击杠杆，主电路电源被分断。同样道理，在无电源电压或电压过低时，断路器也不能接通电源。

正常分断电路时，按下停止按钮即可。

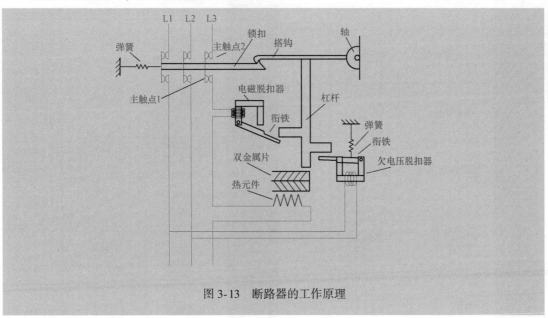

图 3-13　断路器的工作原理

1.2　电气识图及制图标准

（1）电气图的种类

电气图的种类有许多，如电气原理图、安装接线图、端子排图和展开图等。其中，电气原理图和安装接线图是最常见的两种形式。

1）电气原理图。电气原理图简称电原理图，用来说明电气控制系统的组成和连接方式，以及表明它们的工作原理和相互之间的关系，不涉及电气设备和电气元件的结构或安装情况。

2）安装接线图。安装接线图又称为安装图，是电气安装施工的主要图样，是根据电气设备或元件的实际结构和安装要求绘制的图样。在绘图时，只考虑元件的安装配线而不必表示该元件的动作原理。

（2）常见元件的图形符号、文字符号（表3-1）

表3-1　常见元件的图形符号、文字符号一览表

类别	名称	图形符号	文字符号	类别	名称	图形符号	文字符号
开关	单极控制开关	或	SA	时间继电器	通电延时（缓吸）线圈	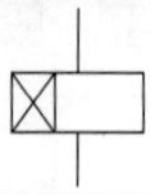	KT
	手动开关一般符号		SA		断电延时（缓放）线圈	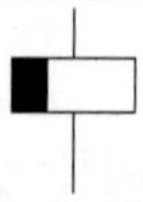	KT
	三极控制开关		QS		瞬时闭合的常开触点		KT
	三极隔离开关		QS		瞬时断开的常闭触点		KT
	三极负荷开关		QS		延时闭合的常开触点		KT
	组合旋钮		QS		延时断开的常闭触点		KT
	低压断路器		QF		延时闭合的常闭触点		KT
	控制器或操作开关	后　前 21　12	SA		延时断开的常开触点		KT
接触器	线圈操作器件		KM	电磁操作器	电磁铁的一般符号	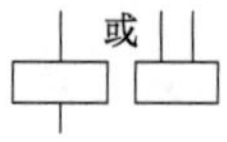 或	YA
	常开主触点		KM		电磁吸盘	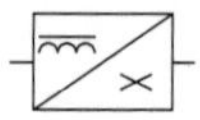	YH
	常开辅助触点		KM		电磁离合器	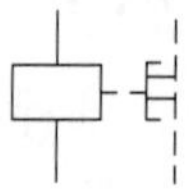	YC
	常闭辅助触点		KM		电磁制动器	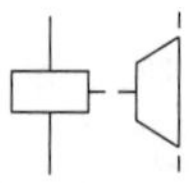	YB
					电磁阀	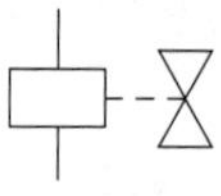	YV

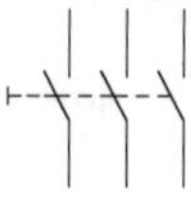

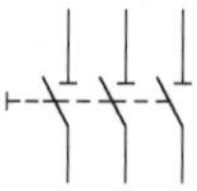

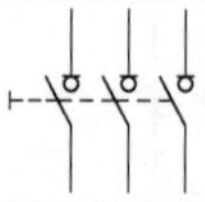

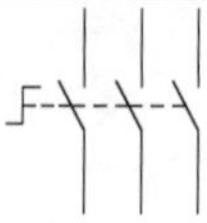

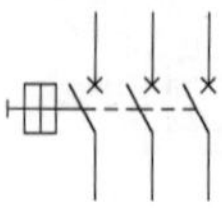

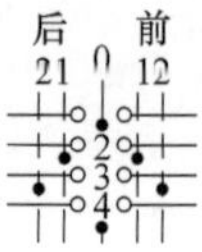

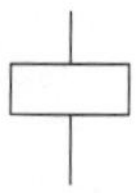

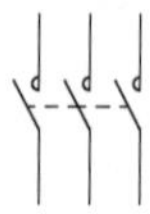

（续）

类别	名称	图形符号	文字符号	类别	名称	图形符号	文字符号
非电量控制的继电器	速度继电器常开触点		KS	按钮	急停按钮		SB
	压力继电器常开触点		KP		钥匙操作式按钮		SB
发电机	发电机		G	热继电器	热元件		FR
	直流测速发电机		TG		常闭触点		FR
灯	信号灯（指示灯）		HL	中间继电器	线圈		KA
	照明灯		EL		常开触点		KA
接插器	插头和插座		X 插头 XP 插座 XS		常闭触点		KA
位置开关	常开触点		SQ	电流继电器	过电流线圈		KA
	常闭触点		SQ		欠电流线圈		KA
	复合触点		SQ		常开触点		KA
					常闭触点		KA
按钮	常开按钮		SB	电压继电器	过电压线圈		KV
	常闭按钮		SB		欠电压线圈		KV
					常开触点		KV
	复合按钮		SB		常闭触点		KV

（续）

类别	名称	图形符号	文字符号	类别	名称	图形符号	文字符号
电动机	三相笼型异步电动机		M	变压器	单相变压器		TC
	三相绕线转子异步电动机		M		三相变压器		TM
	他励直流电动机		M	互感器	电压互感器		TV
	并励直流电动机		M		电流互感器		TA
	串励直流电动机		M		电抗器		L
熔断器			FU				

1.3　基本电气控制电路举例

（1）点动控制

对于正常的机电设备，采用起动、自锁、停止控制电路能满足正常使用要求。但在设备的安装调试或维护调试过程中，常常要对工作机构作微量调整或瞬间运动，这就要求电动机按照操作指令作短时或瞬间运转。实现这种要求的电路如图 3-14 所示。在图 3-14b 电路中，按下按钮 SB 电动机运转，松开按钮电动机立即停转，所以这样的电路称为点动控制电路。

（2）起动、自锁、停止控制

图 3-15 所示是三相笼型电动机的单向起动、停止控制电路，它由图 3-15a 的主电路和图3-15b 的控制电路组成。主电路包括一个断路器 QF、一个接触器 KM 的主触点、一个热继电器 FR 的热元件和一台电动机 M，控制电路包括一个停止按钮 SB1 和一个启动按钮 SB2、接触器的吸引线圈和一个常开辅助触点、热继电器的常闭触点。

合上断路器 QF（作为电源总开关），按下 SB2，接触器 KM 的吸引线圈接通得电，衔铁吸合，其主触点闭合，电动机便运转起来，与此同时，KM 的辅助触点也闭合，将启动按钮 SB2 短路，这样当松开 SB2 时接触器线圈仍然接通，像这样利用电器自身的触点保持自己的线圈得电，从而保持线路继续

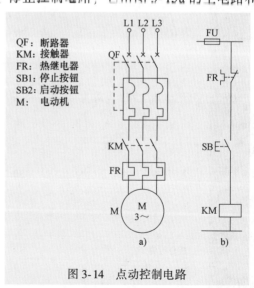

QF：断路器
KM：接触器
FR：热继电器
SB1：停止按钮
SB2：启动按钮
M：电动机

图 3-14　点动控制电路

工作的环节称为自锁（自保）环节。这种触点称为自锁触点。按下 SB1，KM 的线圈断电，其主触点打开，电动机便停止运转，同时 KM 辅助触点也打开，故松开按钮后，SB1 虽复位而闭合，但 KM 的线圈已经不能继续得电，从而保证了电动机不会自行启动，若要使电动机再次工作可再按 SB2。

（3）正、反向控制

许多负载机械的运动部件，根据工艺要求经常需进行正反方向两种运动，而这种正反方向的运动大多借助于电动机的正反转来实现。由异步电动机的工作原理可知，将电动机的供电电源的相序改变（任意交换两相），就可以控制异步电动机作反向运动。为了更换相序，需要使用两个接触器来完成。图3-16所示为三相异步电动机正反转控制电路。图 3-16a 为主电路，正转接触器 KM1 接通正向工作电路，电动机正转；反转接触器 KM2 接通反向工作电路，此时电动机定子端的相序恰与前者相反，电动机反转。

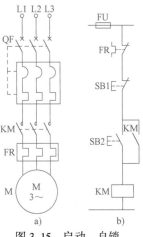

图 3-15 启动、自锁、停止控制电路

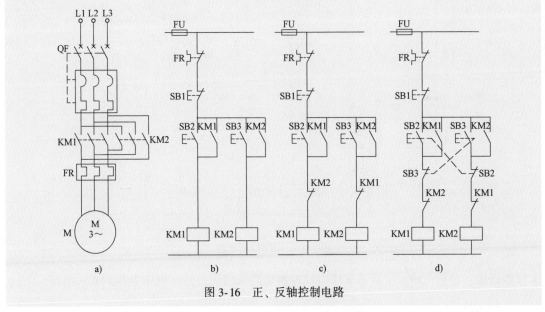

图 3-16 正、反轴控制电路

但是，图 3-16b 所示控制电路具有下述缺点，若同时按下正向按钮 SB2 和反向按钮 SB3，可以使 KM1、KM2 接触器同时接通，这会造成电源短路事故。

为避免产生上述事故，必须采取互锁保护措施，使其中任一接触器工作时，另一接触器即失效不能工作，为此采用图 3-16c 所示的电气互锁。当按下 SB2 按钮后，接触器 KM1 动作，使电动机正转。KM1 除有一常开触点将其自锁外，另有一常闭触点串联在接触器 KM2 线圈的控制回路内，它此时断开。因此，若再按 SB3 按钮，接触器 KM2 受 KM1 的常闭触点互锁不能动作，这样就防止了电源短路的事故。

图 3-16c 所示电路在某一方向工作时，不能直接按反方向按钮直接切换运行，必须先按

停止按钮 SB1。若要实现正反向直接切换，可采用复合按钮接成如图 3-16d 所示的电路即可。但这种电路仅适用于小功率电动机控制，而且拖动的机械负载装置转动惯量较小和允许有冲击的场合。

（4）顺序控制

为了保证机电设备的安全运行，经常需要各部件按顺序工作。如在机床中在启动了润滑油泵电动机后，才可以启动主轴电动机。如图 3-17 所示为典型的顺序控制电路，在图 3-17b 电路中，按下 M1 启动按钮 SB2 后，接触器 KM1 得电并自锁，M1 回路接通并运转，且 KM1 的辅助常开触点闭合，为 KM2 得电做好了准备。这时可按 SB4 使 KM2 得电并自锁，来启动 M2 运行。M2 可单独停止，但 M1 停止则 M2 会被停止。

图 3-17c 所示的电路为延时顺序起动控制电路，按下 M1 的启动按钮 SB2 后，接触器 KM1 得电并自锁，M1 回路接通并运转，同时通电延时继电器 KT 得电并开始计时。延时时间到达后，KT 触点使 KM2 得电并保持，来启动 M2 运行。按下停止按钮 SB1 使 M1、M2 同时被停止。

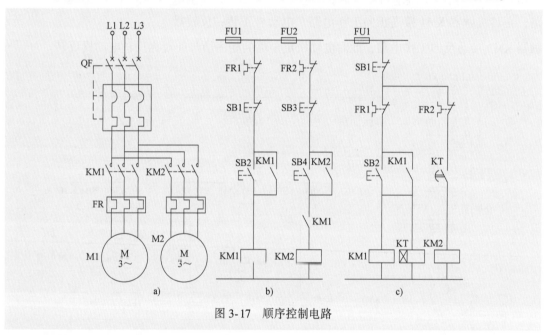

图 3-17　顺序控制电路

★**技能训练**：分析 CM6132 普通车床电器控制电路原理图，并在机床上找到相关电路。

1.4　可编程序控制器 PLC 应用

（1）PLC 基础知识

1）可编程序控制器的产生。

20 世纪 70 年代中期出现了微处理器和微型计算机，人们把微型计算机技术应用到可编程序控制器中使其兼有计算机的一些功能，不但用逻辑编程取代了硬连线，而且增加了数据运算、数据传送与处理以及对模拟量进行控制等功能，使之真正成为一种电子计算机工业控制设备。图 3-18 是三菱 FX2N 系列、西门子 S7-300 系列可编程序控制器的外形。

2）可编程序控制器的特点。

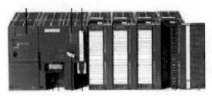

图 3-18 可编程序控制器的外形

① 可靠性高、抗干扰能力强。PLC 是专为工业控制而设计的，在设计与制造过程中均采用了屏蔽、滤波、光电隔离等有效措施，并且采用模块式结构，有故障时可迅速更换，故 PLC 平均无故障 2 万 h 以上。此外，PLC 还具有很强的自诊断功能，可以迅速方便地检查与判断出故障所在，大大缩短检修时间。

② 编程简单，使用方便。编程简单是 PLC 优于微型计算机的一大特点。目前大多数 PLC 都采用与实际电路接线图非常相近的梯形图编程，这种编程语言形象直观，易于掌握。

③ 功能强、速度快、精度高。PLC 具有逻辑运算、定时、计数等很多功能，还能进行 D-A 转换、数据处理、通信联网；并且运行速度很快，精度高。

④ 通用性好。PLC 品种多，档次也多，许多 PLC 制成模块式，可灵活组合。

⑤ 体积小，重量轻，功能强，耗能低，环境适应性强，不需要专门的机房和空调。

从上述 PLC 的功能特点可见，PLC 控制系统具有许多优点，在许多方面都可以取代继电接触控制系统。但是，目前 PLC 价格还较高，高、中档 PLC 使用需要具有相当的计算机知识，且 PLC 制造厂家和 PLC 品种类型很多，而指令系统和使用方法不尽相同，这给用户带来不便。

3）可编程序控制器的应用和发展。

可编程序控制器在国内外已广泛应用于钢铁、石化、机械制造、汽车装配、电力、轻纺等各行各业，目前 PLC 主要有以下几方面应用：

① 用于开关逻辑控制。

② 闭环过程控制。

③ 数据处理

④ 通信联网。

目前，世界上众多的 PLC 制造厂家中，比较著名的几个大公司有：美国 AB 公司、歌德公司、德州仪器公司、通用电气公司，德国的西门子公司，日本的三菱、东芝、富士和立石公司等，它们的产品控制着世界上大部分的 PLC 市场。PLC 技术已成为工业自动化三大技术（PLC 技术、机器人技术、计算机辅助设计与分析技术）支柱之一。

（2）PLC 的基本结构、编程语言、工作原理

PLC 是微型计算机技术与机电控制技术相结合的产物，尽管 PLC 的型号多种多样，但其结构组成基本相同，都是一种以微处理器为核心的结构。其功能的实现不仅基于硬件的作用，更需要软件的支持，实际上 PLC 就是一种新型的专门用于工业控制的计算机。

1）硬件组成。

学习领域

3

硬件系统就如人的躯体。PLC 的硬件系统主要由中央处理器（CPU）、存储器（RAM、ROM）、输入/输出单元（I/O）、电源、通信接口、I/O 扩展接口等组成，这些单元都是通过内部的总线进行连接的，PLC 的硬件结构如图 3-19 所示。

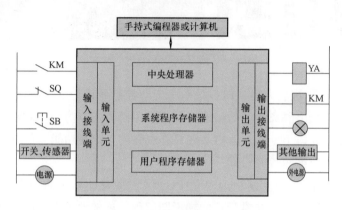

图 3-19　可编程序控制器基本结构

① 输入单元。为了保证能在恶劣的工业环境中使用，PLC 输入接口都采用了隔离措施。如图 3-20 所示，采用光耦合器为电流输入型，能有效地避免输入端引线可能引入的电磁场干扰和辐射干扰。

在光敏输出端设置 RC 滤波器，是为了防止用开关类触点输入时触点振动及抖动等引起的误动作，因此使得 PLC 内部约有 10ms 的响应滞后。

当各种传感器（如接近开关、光电开关、霍尔开关等）作为输入点时，可以用 PLC 机内提供的电源或外部独立电源供电，且规定了具体的接线方法，使用时应加以注意。

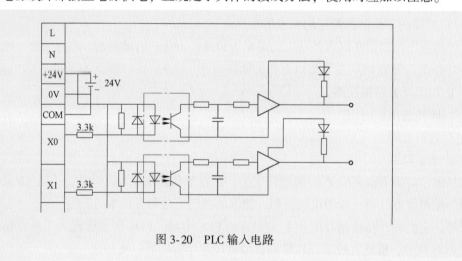

图 3-20　PLC 输入电路

模拟量输入模块是将输入的模拟量（如电流、电压、温度、压力等）转换成 PLC 的 CPU 可接收的数字量，在 PLC 中将模拟量转化成数字量的模块称为 A-D 模块。

② 输出单元。PLC 一般都有三种输出形式可供用户选择，即继电器输出、晶体管输出和晶闸管输出（图 3-21）。在电路结构上都采用了隔离措施。

特点如下：

继电器输出：可用于交流及直流两种电源，其开关速度慢，但过载能力强。

晶体管输出：只适合于直流电源，开关速度快，但过载能力差。

晶闸管输出：只适用于交流电源，其开关速度快，但过载能力差。

注意事项：

a. PLC 输出接口是成组的，每一组有一个 COM 口，只能使用同一种电源电压。

b. PLC 输出负载能力有限，具体参数请阅读相关资料。

c. 对于电感性负载应加阻容保护。

d. 负载采用直流电源小于 30V 时，为了缩短响应时间，可用并接续流二极管的方法改善响应时间。

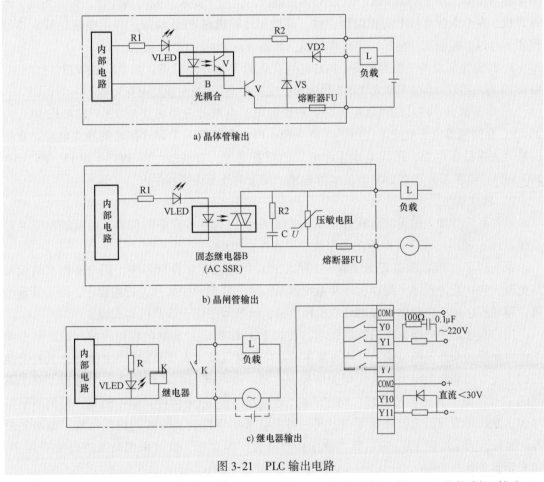

图 3-21　PLC 输出电路

③ 中央处理器（CPU，微处理器）。CPU 是 PLC 核心元件，是 PLC 的控制运算中心，在系统程序的控制下完成逻辑运算、数学运算、协调系统内部各部分工作等任务。可编程控制中常用的 CPU 主要采用微处理器、单片机和双极片式微处理器 3 种类型。PLC 常用 CPU 有 8080、8086、80286、80386、8031、8096 以及位片式微处理器（如 AM2900、AM2901、AM2903）等。PLC 的档次越高，CPU 的位数越多，运算速度越快，功能指令就越强。

④ 存储器。存储器是可编程序控制器存放系统程序、用户程序及运算数据的单元。与

一般计算机一样，PLC 的存储器有只读存储器（ROM）和随机读写存储器（RAM）两大类。只读存储器用来保存那些需要永久保存，即使机器掉电也需要保存程序的存储器，主要用来存放系统程序。随机读写存储器的特点是写入与擦除都很容易，但在掉电情况下存储的数据就会丢失，一般用来存放用户程序及系统运行中产生的临时数据。为了能使用户程序及某些运算数据在 PLC 脱离外界电源后也能保持，在实际使用中都为一些重要的随机读写存储器配备电池或电容等掉电保持装置。

⑤ 外部设备。

a. 编程器。编程器是 PLC 必不可少的重要外部设备，主要用来输入、检查、修改、调试用户程序，也可用来监视 PLC 的工作状态。编程器分为简易编程器和智能型编程器。简易编程器价廉，用于小型 PLC；智能型编程器价高，用于要求比较高的场合。另一类是个人计算机，在个人计算机上安装编程软件，即可用计算机对 PLC 编程。利用微型计算机作编程器，可以直接编制、显示、运行梯形图，并能进行 PC—PLC 的通信。

b. 其他外部设备。根据需要，PLC 还可能配设其他外部设备，如盒式磁带机、打印机、EPROM 写入器以及高分辨率大屏幕彩色图形监控系统（用于显示或监视有关部分的运行状态）。

⑥ 电源部分。PLC 的供电电源是一般交流电，电源部分是将交流 220V 转换成 PLC 内部 CPU 存储器等电子电路工作所需直流电源。PLC 内部有一个设计优良的独立电源。常用的是开关式稳压电源，用锂电池作停电后的后备电源，有些型号的 PLC（如 Fl、FX、57-200 系列）电源部分还有 24V 直流电源输出，用于对外部传感器供电。

2）软件系统。

软件系统就如人的灵魂。软件系统是 PLC 所使用的各种程序的集合，由系统程序（即系统软件）和用户程序（即应用程序或应用软件）组成。

系统程序由 PLC 制造商设计编写并存入 PLC 的系统程序存储器中，用户不能直接读写与更改，包括监控程序、编译程序及系统诊断程序。监控程序又称为管理程序，用于管理全机；编译程序用于将程序语言翻译成机器语言，诊断程序用于诊断机器故障。

用户程序是用户根据现场控制要求，使用 PLC 编程语言编制的应用程序。PLC 是专为工业自动控制而开发的装置，使用对象主要是广大电气技术人员及操作维护人员。为符合他们的传统习惯和掌握能力，常采用面向控制过程、面向问题的"自然语言"编程。对于不同的 PLC 厂家，其"自然语言"略有不同，但基本上可分为两种：第一种是，采用图形符号表达方式的编程语言，如梯形图；另一种是，采用字符表达方式的编程语言，如语句表等。另外，为了增强 PLC 的运算、数据处理及通信等功能，也可采用高级语言编写程序，如 C 语言等。

3）基本工作原理。

PLC 的工作原理与计算机的工作原理基本上是一致的，可以简单地表述为：在系统程序的管理下通过运行应用程序完成用户任务。但个人计算机与 PLC 的工作方式有所不同，计算机一般采用等待命令的工作方式，如常见的键盘扫描方式或 I/O 扫描方式。当键盘有键按下或 I/O 口有信号输入时则中断转入相应的子程序。PLC 在确定了工作任务并装入了专用程序后成为一种专用机，采用循环扫描工作方式。系统工作任务管理及应用程序执行都是通过循环扫描方式完成的。

　　PLC 的工作过程一般可分为 3 个主要阶段（图 3-22）：输入采样（输入扫描）阶段、程序执行（执行扫描）阶段和输出刷新（输出扫描）阶段。

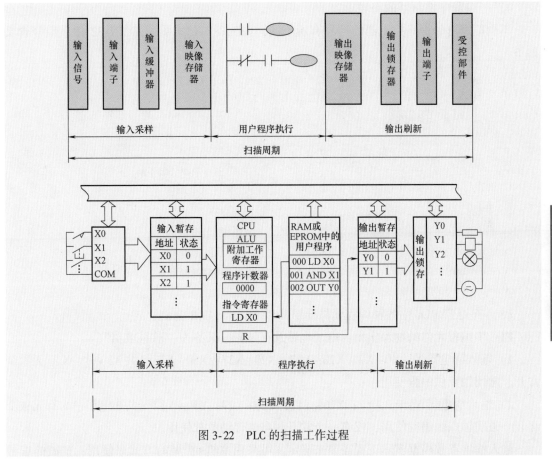

图 3-22　PLC 的扫描工作过程

　　① 输入采样阶段。在输入采样阶段，PLC 扫描全部输入端，读取各开关触点的通、断状态以及其转换值，并写入到寄存输入状态的输入映像寄存器中存储，这一过程称为采样。在本工作周期内，采样结果的内容不会改变，而且这个采样结果将在 PLC 执行程序时使用。

　　② 程序执行阶段。PLC 按顺序对用户程序进行扫描，按梯形图从左到右、从上到下逐步扫描每条程序，并根据输入输出（I/O）状态及有关数据进行逻辑运算"处理"，再将结果写入寄存执行结果的输出寄存器中保存，但这个结果在全部程序未执行完毕之前不会送到输出端口上。

　　③ 输出刷新阶段。在所有指令执行完毕后，把输出寄存器中的内容送入到寄存输出状态的输出锁存器中，再以一定方式去驱动用户设备，这就是输出刷新。

　　PLC 的扫描工作过程如图 3-22 所示，PLC 周期性地重复执行上述 3 个阶段，每重复一次称为一个扫描周期。PLC 在一个周期输入扫描和输出刷新的时间一般为 4ms 左右，而程序执行时间可因程序的长度不同而不同。PLC 一个扫描周期一般为 40~100ms。

　　PLC 对用户程序的执行过程是通过周期性的循环扫描工作方式来实现的。PLC 工作的主要特点是输入信号集中采样，执行过程集中批处理和输出控制集中批处理。PLC 的这种"串行"工作方式可以避免继电接触控制系统中触点竞争和时序失配的问题。这是 PLC 可靠性高的原因之一，但是又导致输出对输入在时间上的滞后，降低了系统响应速度。

4）可编程序控制器的型号

不同厂家可编程序控制器的型号有所不同，如三菱 FX2N 系列 FX2N-32MR，型号含义如下：

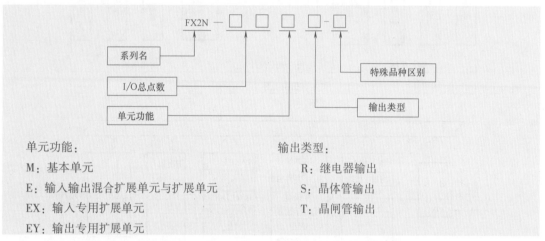

单元功能：
M：基本单元
E：输入输出混合扩展单元与扩展单元
EX：输入专用扩展单元
EY：输出专用扩展单元

输出类型：
R：继电器输出
S：晶体管输出
T：晶闸管输出

（3）三菱 FXPLC 中各种编程元件介绍（以 FX2N-64MR 为例）

PLC 中编程元件的物理实质：电子电路及存储器，又称为"软继电器"。

1）输入继电器 X：X0~X7；X10~X17；X20~X27；X30~X37（共 32 点）。X 有无数个常开、常闭触点供编程使用。

2）输出继电器 Y：Y0~Y7；Y10~Y17；Y20~Y27；Y30~Y37（共 32 点）。Y 有无数个常开、常闭触点供编程使用，仅有一个常开触点供带动负载使用。

输入输出点数根据实际工程需要来确定。可采用主机+扩展的方式来使用，扩展的编号依次编下去。

3）辅助继电器 M。

① 通用辅助继电器。M0~M499（共 500 个），关闭电源后重新启动后，通用继电器不能保护断电前的状态。

② 掉电保持辅助继电器。M500~M1023（共 524 个），PLC 断电后再运行时，能保持断电前的工作状态，采用锂电池作为 PLC 掉电保持的后备电源。

③ 特殊辅助继电器。M8000~M8255（共 156 点），有特殊用途，将在其他章节中另作介绍。

辅助继电器都有无数个常开、常闭触点供编程使用，只能作为中间继电器使用，不能作为外部输出负载使用。

4）状态继电器 S。

① 通用状态继电器 S0~S499。

② 掉电保持型状态继电器 S499~S899。

③ 供信号报警用：S900~S999。

状态继电器 S 是对工作步进控制进行简易编程的重要元件，这里不作进一步的介绍。

5）定时器 T

① 定时器。T0~T199（200 个）：时钟脉冲为 100ms 的定时器，即当设定值 $K=1$ 时，延时 100ms。

设定范围为 0.1~3276.7s。

T200~T245（46 个）：时钟脉冲为 10ms 的定时器，即当设定值 $K=1$ 时，延时 10s。

设定范围为 0.01~327.67s。

② 积算定时器。T246~T249（4 人）：时钟脉冲为 1ms 的积算定时器。

设定范围：0.001~32.767s。

T250~T255（6 人）：时钟脉冲为 100ms 的积算定时器。

设定范围：0.1~3267.7s。

积算定时器的意义：当控制积算定时器的回路接通时，定时器开始计算延时时间，当设定时间到时定时器动作，如果在定时器未动作之前控制回路断开或掉电，积算定时器能保持已经计算的时间，待控制回路重新接通时，积算定时器从已积算的值开始计算。积算定时器可以用 RST 命令复位。

6）计数器 C

① 16bit 加计数器

C0~C99（100 点）：通用型。

C100~C199（100 点）：掉电保持型。

设定范围：K1~K32767。

② 32bit 可逆计数器

C200~C219（20 点）：通用型。

C220~C234（15 点）：掉电保持型

设定范围：-2147483648~+2147483647。

可逆计数器的计数方向（加计数或减计数）由特殊辅助继电器 M8200~M8234 设定。

即 M8△△△接通时作减计数，当 M8△△△断开时作加计数。

③ 高速计数器：C235~C255.

7）数据寄存器 D。

D0~D199（200 只）：通用型数据寄存器，即掉电时全部数据均清零。

D200~D511（312 只）：掉电保护型数据寄存器。

（4）PLC 基本指令

1）梯形图（Ladder Diagram）编程语言。梯形图语言（图 3-23）的结构与继电接触控制电路相似，梯形图语言起源于继电器逻辑和执行线圈，它用不同的图形符号来表示不同的指令，用串、并联等拓扑关系组织图形符号的顺序位置来表述逻辑。它是 IEC（国际电工委员会）公布的 PLC 五种编程语言标准（顺序表、梯形图、功能块、语句表和结构文本）中的一种。

2）FX2 PLC 基本指令

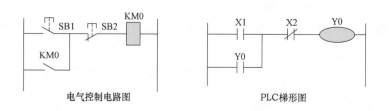

电气控制电路图　　　　　　　　PLC梯形图

符号名称	继电器电路符号	梯形图符号
常开触点		
常闭触点		
线圈		

图 3-23　PLC 梯形图要素

① LD、LDI、OUT 指令（表 3-2）。

表 3-2　LD、LDI、OUT 指令助记符与功能

符号、名称	功能	可用元件	程序步
⊢⊦—LD取	触点逻辑运算开始	X、Y、M、S、T、C	1
⊢/⊦—LDI取反	触点逻辑运算开始	X、Y、M、S、T、C	1
◯—OUT输出	线圈驱动	Y、M、S、T、C	Y、M、1-2 S、T、3 C:3-5

指令说明：

a. LD、LDI 指令用于将触点接到母线上。另外，与后面讲到的 ANB 指令组合，在分支起点处也可使用。

b. OUT 指令是对输出继电器、辅助继电器、定时器、计数器的线圈驱动指令，对输入继电器不能使用。

c. OUT 指令可作多次并联使用。

LD、LDI、OUT 指令编程举例（图 3-24）：

0 LD X000

1 OUT Y000

2 LDI X001

3 OUT M100

4 OUT T0 K19

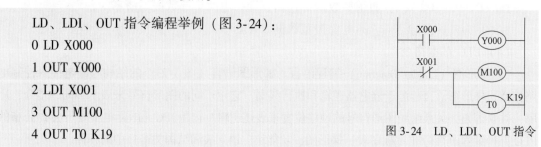

图 3-24　LD、LDI、OUT 指令

② AND、ANI 指令（表 3-3）。

表 3-3　AND、ANI 助记符与功能

符号、名称	功能	可用元件	程序步
─┤├─ AND与	触点串联连接	X、Y、M、S、T、C	1
─┤/├─ ANI与非	触点串联连接	X、Y、M、S、T、C	1

指令说明：

a. 用 AND、ANI 指令可进行 1 个触点的串联连接。串联触点的数量不受限制，该指令可多次使用。

b. 串联触点数和纵接输出次数不受限制，但使用图形编程设备和打印机则有限制。建议尽量做到 1 行不超过 10 个触点和 1 个线圈，总共不要超过 24 行。

AND、ANI 指令编程举例（图 3-25）：

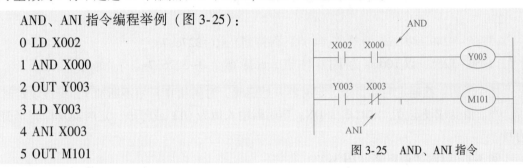

0 LD X002

1 AND X000

2 OUT Y003

3 LD Y003

4 ANI X003

5 OUT M101

图 3-25　AND、ANI 指令

③ OR、ORI 指令（表 3-4）。

指令说明：

a. OR、ORI 用作 1 个触点的并联连接指令。

b. 串联连接 2 个以上触点时，并将这种串联电路块与其他电路并联连接时，采用后面讲到的 ORB 指令。

OR、ORI 是从该指令的步开始，与前面的 LD、LDI 指令步，进行并联连接。并联连接的次数不受限制，但使用图形编程设备和打印机时受限制（24 行以下）。

表 3-4　OR、ORI 指令助记符与功能

指令助记符、名称	功能	可用元件	程序步
─┤├─ OR或	触点并联连接	X、Y、M、S、T、C	1
─┤/├─ ORI或非	触点并联连接	X、Y、M、S、T、C	1

OR、ORI 指令编程举例（图 3-26）：

LD X004

0

1 OR X006

2 ORI M102

3 OUT Y005

4 LDI Y005

5 AN DX007

6 OR M103

7 ANI X010

8 OR M110

9 OUT M103

④ 定时器 T。

指令符号：T

T0~T199，以 100ms 为单位（200 点），0~3276.7s（100ms×32767=3276.7s）。

T200~T245，以 10ms 为单位（46 点），0~3276.7s。

T246~T249，以 1ms 为单位（4点，保持型），0~3276.7s。

T250~T255，以 100ms 为单位（6点，保持型），0~3276.7s。

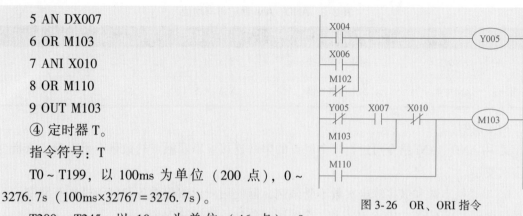

图 3-26 OR、ORI 指令

指令说明：接通定时器指令，定时器开始定时，时间从 0 开始不断加 1，经过设定时间后，当前值变成设定值，定时器为 ON；定时器输入值为 OFF 或停电，定时器复位，当前值为 0。

例 3-1 延时接通电路（图 3-27）

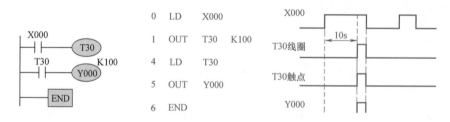

图 3-27 延时接通电路

例 3-2 延时断开电路（图 3-28）

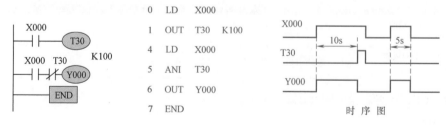

图 3-28 延时断开电路

例 3-3 定时器用于振荡电路（图 3-29）

⑤ 计数指令。

指令助记符：C　符号（图 3-30）：

指令说明：n 是计数编号，数值在 $0 \leqslant n \leqslant 199$，$n=0\sim99$ 是普通型，$n=100\sim199$ 具有掉

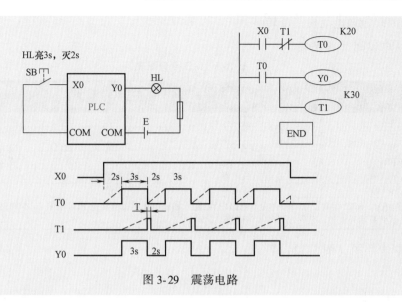

图 3-29　震荡电路

电保护功能。设定值 K1～K32767（十进制常数）范围有效。

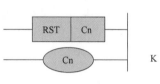

　　功能说明：C 为预置计数器，完成加数操作，当计数器输入端由 OFF 变成 ON 上升沿时，计数器当前值加 1；当计数器当前值增加到设定值时，计数器为 ON，此时即使输入端有上升沿，计数器当前值保持不变；当计数器复位端

图 3-30　计数指令

（RST）信号有上升沿时，计数器为 OFF，当前值为 0；当电源掉电时，保持型计数器当前值不变。

　　例 3-4　加法计数器（图 3-31）

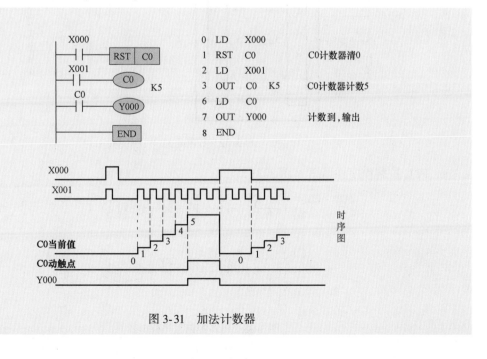

图 3-31　加法计数器

⑥ 用 PLC 控制电动机正反转。

a. I/O 点分配（表 3-5）。

表 3-5 I/O 点分配表

序号	名称	地址编号	信号来源	电压等级	信号性质	外电路状态	继电器触点状态	操作对象
1	停止	X0	人工按钮		开关量	常闭	常闭	停止电动机
2	SB2	X1	人工按钮		开关量	常开	常开	电动机正转
3	SB3	X2	人工按钮		开关量	常开	常开	电动机反转
4	FR	X3	热继电器触点		开关量	常开	常闭	
5	正转线圈	Y0	输出继电器	110V	开关量			电动机正转
6	反转线圈	Y1	输出继电器	110V	开关量			电动机反转
7	说明：KM1、KM2 线圈及互锁触点为外电路内容，输入回路电压等级应注意 PLC 说明书，本例由于按钮串入控制回路，因此要用外电源。公共端必须加熔断器。							

b. 控制电路图（图 3-32）。

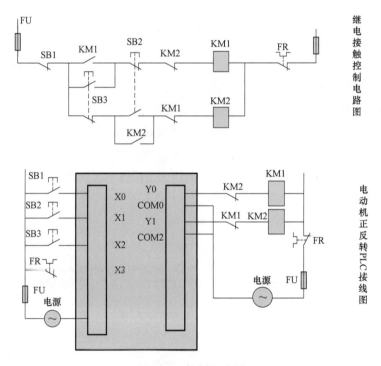

图 3-32 控制电路图

c. PLC 控制程序梯形图（图 3-33）。

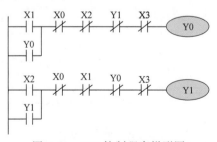

图 3-33 PLC 控制程序梯形图

★技能训练

1）熟悉三菱 MELSEC-F FX Application 编程软件，正确写出电动机正反转控制梯形图。

2）按电动机正反转继电接触器控制电路图和电动机正反转 PLC 接线图安装控制电路。

3）完成电动机正反转 PLC 控制的联机调试。

1.5　数控系统 CNC 与 PLC （PMC） 信息控制过程

所谓 PMC（Programmable Machine Controller），就是利用内置在 CNC 的 PC（Programmable Controller）执行机床的顺序控制（主轴旋转、换刀、机床操作面板的控制等）的可编程机床控制器。所谓顺序控制，就是按照事先确定的顺序或逻辑，对控制的每一个阶段依次进行的控制。用来对机床进行顺序控制的程序叫作顺序程序，通常广泛应用于基于梯形图语言（Ladder language）的顺序程序。

CNC 和 PLC（Programmable logic Control，可编程序逻辑控制器）各自的基本控制方式如图 3-34 所示。

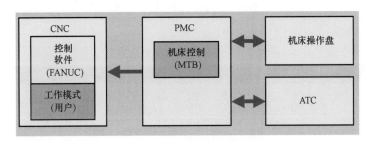

图 3-34　CNC 和 PLC 的基本控制方式

① PMC 是安装在 CNC 内部负责机床控制的顺序控制器。

② 系统的控制软件已安装于 CNC 内，因此只要制作完成操作盘和换刀装置等机械部分的机械动作控制即可。

③ 工作模式在 CNC 中用“G 代码”语言描述。

控制部件的作用如下（图 3-35）：

CNC 侧：指 CNC（数控系统）的硬件、软件与 CNC 系统连接的外部设备。

PMC 侧：可对 CNC 侧、MT 侧的输入/输出信号进行处理。

MT 侧：指机床机械部分及其液压、气压、冷却、润滑、排屑等辅助装置，包括机床操作面板、继电器电路、机床强电电路。

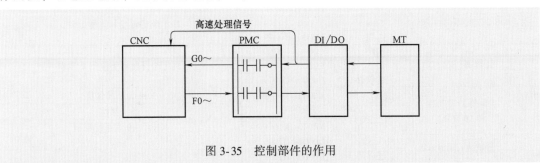

图 3-35　控制部件的作用

（1）FANUC 系统 CNC 与 PLC 信息控制过程

1）FANUC 系统 PMC 信息控制过程（图 3-36）。

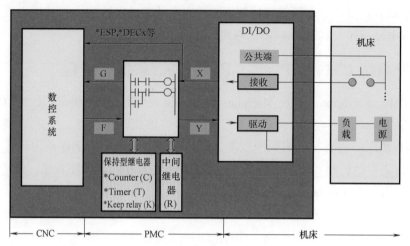

图 3-36　PMC 信号控制过程

2）各信号地址定义及范围（表 3-6）。

表 3-6　各信号地址定义及范围

	种类	机型	范围	备注	
X	机床→PMC	通用	X0000～X0127	由 I/OLink 的从控器接出	通道 1
		FS16i	X0200～X0327		通道 2
		FMi	X1000～X1003	从内置 I/O 接出	
			X10200～X1051	由 I/OLink 的主控器接出	
Y	PMC→机床	通用	Y0000～Y0127	接到 I/OLink 的从控器	通道 1
		FS16i	Y1000～Y1002		通道 2
		PMi	Y1020～Y1051	接到内置 I/O	
			Y1020～Y1051	接到 I/OLink 的主控器	
G	PMC→CNC	通用	G0000～	接到 CNC 功能决定信号的地址	
R	内部继电器(非保持)	SB7	R0000～R7999	临时存储用	
		SB6	R0000～R2999		
		上述以外	R0000～R1499		
		公用	R9000	系统保留	
E	扩展继电器	SB7	E0000～E7999	临时存储用	
A	信息显示(非保持)	SB7	A0000～A0249	在 DISPB 命令上使用(部分机种为选择)	
		SB6	A0000～A0124		
		上述以外	A0000～A0024		
		SB7	A9000～A9249	信息显示	
T	可变定时器(保持型)	SB7	T0000～T499	在 1 个定时器上使用 2 字节	
		SB6	T0000～T0299		
		上述以外	T0000～T0079		
C	计数器(保持型)	SB7	C0000～C0399	在 1 个计数器上使用 4 字节	
		SB6	C0000～C0199		
		上述以外	C0000～C0079		
K	保持型继电器(保持型)	SB6,SB7	K0000～K0039	K16 为系统保留	
			K0900	系统保留	
		上述以外	K0000～K0019	K16～K19 为系统保留	
D	数据表(保持型)	SB6,SB7	D0000～D7999		
		上述以外	D0000～D1859		

① PMC 和 CNC 间的信号地址（F、G）。

这是 CNC 和 PMC 间的接口信号地址。信号和地址的关系是，由 CNC 控制软件决定其地址。例如，自动运转启动信号 ST 的地址是 G0007.2。

F 表示从 CNC 输入到 PMC 的输入信号。

G 表示 PMC 输出到 CNC 的输出信号。

② PMC 和机床间的信号地址（X、Y）。

为了控制连接于外部的机床，可以向可使用的范围内的任意地址分配 PMC 和机床一侧之间的输入/输出信号。

X 表示从机床一侧输入到 PMC 输入信号。

Y 表示从 PMC 输出到机床一侧的输出信号。

③ 内部继电器盒扩展继电器的地址（R、E）。

这是在顺序程序的执行处理中使用于运算结果的暂时存储的地址。

内部继电器的地址还包括有 PMC 的系统软件所使用的预留区。预留区的信号，不能在顺序程序内写入。

④ 信息显示的信号地址（A）。

顺序程序所使用的指令中，备有在 CNC 画面上进行信息显示的指令（DISPB 指令）。这是由该指令使用的地址。

3）机床与 PMC 间的信号（X、Y）。

① 机床→PMC 之间的信号（X）。

a. 从机床送到 PMC 的信号用 X 地址表示。

b. 表 3-7 所列的信号是由 CNC 直接读取的，所以不需要 PMC 进行处理。另外，根据地址的分配决定连接线的端子号。

c. 一定要使用急停信号（∗ESP）。SKIP 等其他信号不使用时，其地址可由其他通用信号使用。

d. 前头带"∗"的信号是负逻辑信号。

例如，急停信号（∗ESP）通常为 1，处于急停状态时 ∗ESP 为 0。

表 3-7　机床与 PMC 之间的信号

地址		#7	#6	#5	#4	#3	#2	#1	#0	
地址	X0004	SKIP	ESKIP	−MIT2	+MIT2	−MIT1	+MIT1	ZAE	XAE	T
		跳转信号	PMC轴跳转	刀具预调仪				测量位置到达信号		
		SKIP	ESKIP				ZAE	YAE	XAE	M
		跳转信号	PMC轴跳转				测量位置到达信号			
地址	X0008				∗ESP					
		急停								

（续）

地址	X0009	*DEC8	*DEC7	*DEC6	*DEC5	*DEC4	*DEC3	*DEC2	*DEC1
					回参考点减速信号				

e. 把参数 3006#0 设为 1 时，回参考点减速信号（＊DEC）变为地址 G196。

f. 急停信号（＊ESP）和跳转信号（SKIP）等，由于受 PMC 扫描时间的影响使处理缓慢，故而由 CNC 直接进行读取。

② PMC→机床之间的信号（Y）。

从 PMC 送到机床的信号地址用 Y 表示，这些信号的地址可任意指定（图 3-37）。

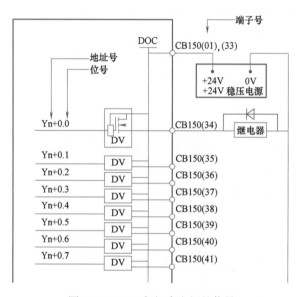

图 3-37　PMC 与机床之间的信号

4）PMC→CNC 信号 G（表 3-8）。

表 3-8　PMC→CNC 信号 G

地址	#7	#6	#5	#4	#3	#2	#1	#0
G0000	ED7	ED6	ED5	ED4	ED3	ED2	ED1	ED0
G0001	ED15	ED14	ED13	ED12	ED11	ED10	ED9	ED8
G0002	ESTB	EA6	EA5	EA4	EA3	EA2	EA1	EA0
G0003								
G0004			MFIN3	MFIN2	MFIN1			
G0005	BFIN	AFL		BFIN	TFIN	SFIN	EFIN	MFIN
G0006		SKIPP		OVC		＊ABSM		SRN
G0007	RLSOT	EXLM	＊FLWU	RLSOT3		ST	STLK	RVS
G0008	ERS	RRW	＊SP	＊ESP				＊IT
G0009				PN16	PN8	PN4	PN2	PN1
G0010	＊JV7	＊JV6	＊JV5	＊JV4	＊JV3	＊JV2	＊JV1	＊JV0
G0011	＊JV15	＊JV14	＊JV13	＊JV12	＊JV11	＊JV10	＊JV9	＊JV8
G0012	＊FV7	＊FV6	＊FV5	＊FV4	＊FV3	＊FV2	＊FV1	＊FV0
G0013	＊AFV7	＊AFV6	＊AFV5	＊AFV4	＊AFV3	＊AFV2	＊AFV1	＊AFV0
G0014							ROV2	ROV1

（续）

地址	#7	#6	#5	#4	#3	#2	#1	#0
G0015								
G0016	F1D							MSDFON
G0017								
G0018	HS2D	HS2C	HS2B	HS2A	HS1D	HS1C	HS1B	HS1A
G0019	RT		MP2	MP1	HS3D	HS3C	HS3B	HS3A
G0020								
G0021								
G0022								
G0023	ALNGH	RGHTH						
G0024								
G0025								
G0026								
G0027	CON		∗ SSTP3	∗ SSTP2	∗ SSTP1	SWS3	SWS2	SWS1
G0028	PC2SLC	SPSTP	∗ SCPF	∗ SUCPF		GR2	GR1	
G0029		∗ SSTP	SOR	SAR		GR31		GR21
G0030	SOV7	SOV6	SOV5	SOV4	SOV3	SOV2	SOV1	SOV0
G0031	PKESS2	PKESS1						
G0032	R081	R071	R061	R051	R041	R031	R021	R011
G0033	SIND	SSIN	SGN		R041	R031	R021	R011
G0034	R0812	R0712	R0612	R0512	R0412	R0312	R0212	R0112
G0035	SIND2	SSIN2	SGN2		R0412	R0312	R0212	R0112
G0036	R0813	R0713	R0613	R0513	R0413	R0313	R0213	R0113
G0037	SIND3	SSIN3	SGN3		R0413	R0313	R0213	R0113
G0038	∗ BECLP	∗ BECUP			SPPHS	SPSYC		∗ PLSST
G0039	GOQSM	WOQSM	OFN5	OFN4	OFN3	OFN2	OFN1	OFN0
G0040	WOSET	PRC						OFN6
G0041	HS2ID	HS2IC	HS2IB	HS2IA	HS1ID	HS1IC	HS1IB	HS1IA
G0042					HS3ID	HS3IC	HS3IB	HS3IA
G0043	ZRN		DNCI			MD4	MD2	MD1
G0044							MLK	BDT1
G0045	BDT9	BDT8	BDT7	BDT6	BDT5	BDT4	BDT3	BDT2
G0046	DRN	KEY4	KEY3	KEY2	KEY1		SBK	
G0047	TL128	TL64	TL32	TL16	TL08	TL04	TL02	TL01
G0048	TLRST	TLRSTI	TLSKP					TL256
G0049	∗ TLV7	∗ TLV6	∗ TLV5	∗ TLV4	∗ TLV3	∗ TLV2	∗ TLV1	∗ TLV0
G0050							∗ TLV9	∗ TLV8
G0051	∗ CHLD	CHPST			∗ CHP8	∗ CHP4	∗ CHP2	∗ CHP0
G0052	RMTDI7	RMTDI6	RMTDI5	RMTDI4	RMTDI3	RMTDI2	RMTDI1	RMTDI0
G0053	CDZ	SMZ			UINT			TMRON
G0054	UI007	UI006	UI005	UI004	UI003	UI002	UI001	UI000
G0055	UI015	UI014	UI013	UI012	UI011	UI010	UI009	UI008
G0056								
G0057								
G0058		STWD	STRD		EXWT	EXSTP	EXRD	MINP
G0059							TRRTN	TRESC
G0060	∗ TSB							
G0061			RGTSP2	RGTSP1				RGTAP
G0062			PDT2	PDT1			∗ CRTOF	
G0063			NOZAGC					

（续）

地址	#7	#6	#5	#4	#3	#2	#1	#0
G0064		ESRYC					SLCSEQ	RINCY
G0065								
G0066	EKSET			RTRCT			ENBKY	IGNVRY
G0067								
G0068								
G0069								
G0070	MRDYA	ORCMA	SFRA	SRVA	CTH1A	CTH2A	TLMHA	TLMLA
G0071	RCHA	RSLA	INTGA	SOCNA	MCFNA	SPSLA	*ESPA	ARSTA
G0072	RCHHGA	MFNHGA	INCMDA	OVRIDA	DEFMDA	NRROA	ROTAA	INDXA
G0073						MPOFA	SLVA	MORCMA
G0074	MRDYB	ORCMB	SFRB	SRVB	CTH1B	CTH2B	TLMHB	TLMLB
G0075	RCHB	RSLB	INTGB	SOCNB	MCFNB	SPSLB	*ESPB	ARSTB
G0076	RCHHGB	MFNHGB	INCMDB	OVRIDB	DEFMDB	NRROB	ROTBB	INDXB
G0077						MPOFB	SLVB	MORCMB
G0078	SHA07	SHA06	SHA05	SHA04	SHA03	SHA02	SHA01	SHA00
G0079					SHA11	SHA10	SHA09	SHA08
G0080	SHB07	SHB06	SHB05	SHB04	SHB03	SHB02	SHB01	SHB00
G0081					SHB11	SHB10	SHB09	SHB08
G0082				定制宏程序用地址				
G0083				定制宏程序用地址				
G0084								
G0085								
G0086					-JA	+JA	-JG	-JG
G0087								
G0088								
G0089								

5）CNC→PMC 信号 F（表 3-9）。

表 3-9　CNC→PMC 信号 F

地址	#7	#6	#5	#4	#3	#2	#1	#0
F0000	OP	SA	STL	SPL				RWD
F0001	MA		TAP	ENB	DEN	BAL	RST	AL
F0002	MDRN	CUT		SRNMV	THRD	CSS	RPDO	INCH
F0003	MTCHIN	MEDT	MMEM	MRMT	MMDI	MJ	MH	MINC
F0004			MREF	MAFL	MSBK	MABSM	MMLK	MBDT1
F0005	MBDT9	MBDT8	MBDT7	MBDT6	MBDT5	MBDT4	MBDT3	MBDT2
F0006								
F0007	BF			BF	TF	SF	EFD	MF
F0008			MF3	MF2				EF
F0009	DM00	DM01	DM02	DM03				
F0010	M07	M06	M05	M04	M03	M02	M01	M00
F0011	M15	M14	M13	M12	M11	M10	M09	M08
F0012	M23	M22	M21	M20	M19	M18	M17	M16
F0013	M31	M30	M29	M28	M27	M26	M25	M24
F0014	M207	M206	M205	M204	M203	M202	M201	M200
F0015	M215	M214	M213	M212	M211	M210	M209	M208

（续）

地址	#7	#6	#5	#4	#3	#2	#1	#0
F0016	M307	M306	M305	M304	M303	M302	M301	M300
F0017	M315	M314	M313	M312	M311	M310	M309	M308
F0018								
F0019								
F0020								
F0021								
F0022	S07	S06	S05	S04	S03	S02	S01	S00
F0023	S15	S14	S13	S12	S11	S10	S09	S08
F0024	S23	S22	S21	S20	S19	S18	S17	S16
F0025	S31	S30	S29	S28	S27	S26	S25	S24
F0026	T07	T06	T05	T04	T03	T02	T01	T00
F0027	T15	T14	T13	T12	T11	T10	T09	T08
F0028	T23	T22	T21	T20	T19	T18	T17	T16
F0029	T31	T30	T29	T28	T27	T26	T25	T24
F0030	B07	B06	B05	B04	B03	B02	B01	B00
F0031	B15	B14	B13	B12	B11	B10	B09	B08
F0032	B23	B22	B21	B20	B19	B18	B17	B16
F0033	B31	B30	B29	B28	B27	B26	B25	B24
F0034						GR3O	GR2O	GR1O
F0035								SPAL
F0036	R08O	R07O	R06O	R05O	R04O	R03O	R02O	R01O
F0037						R12O	R11O	R10O	R09O
F0038					ENB3	ENB2	SUCLP	SCLP
F0039					CHPCYL	CHPMD		
F0040	AR7	AR6	AR5	AR4	AR3	AR2	AR1	AR0
F0041	AR15	AR14	AR13	AR12	AR11	AR10	AR09	AR08
F0042								
F0043								
F0044				SYCAL	FSPPH	FSPSY	FSCSL	
F0045	ORARA	TLMA	LDT2A	LDT1A	SARA	SDTA	SSTA	ALMA
F0046	MORA2A	MORA1A	PORA2A	SLVSA	RCFNA	RCHPA	CFINA	CHPA
F0047							INCSTA	PC1DEA
F0048								
F0049	ORARB	TLMB	LDT2B	LDT1B	SARB	SDTB	SSTB	ALMB
F0050	MORA2B	MORA1B	PORA2B	SLVSB	RCFNB	RCHPB	CFINB	CHPB
F0051							INCSTB	PC1DEB
F0052								
F0053	EKENB			BGEACT	RPALM	RPBSY	PRGDPL	INHKY
F0054	UO007	UO006	UO005	UO004	UO003	UO002	UO001	UO000
F0055	UO015	UO014	UO013	UO012	UO011	UO010	UO009	UO008
F0056	UO107	UO106	UO105	UO104	UO103	UO102	UO101	UO100
F0057	UO115	UO114	UO113	UO112	UO111	UO110	UO109	UO108
F0058	UO123	UO122	UO121	UO120	UO119	UO118	UO117	UO116
F0059	UO131	UO130	UO129	UO128	UO127	UO126	UO125	UO124
F0060							ESEND	EREND
F0061							BCLP	BUCLP
F0062	PRTSF							
F0063	PSYN		RCYO			PSAR	PSE2	PSE1
F0064						TLCHI	TLNW	TLCH

（续）

地址	#7	#6	#5	#4	#3	#2	#1	#0
F0065		SYNMOD		RTRCTF			RGSPM	RGSPP
F0066	EXHPCC	MMPCC	PECK2		RTNMVS			G08MD
F0067								
F0068								
F0069	RMTDO7	RMTDO6	RMTDO5	RMTDO4	RMTDO3	RMTDO2	RMTDO1	RMTDO0
F0070	PSW08	PSW07	PSW06	PSW05	PSW04	PSW03	PSW02	PSW01
F0071							PSW10	PSW09
F0072	OUT7	OUT6	OUT5	OUT4	OUT3	OUT2	OUT1	OUT0
F0073			ZRNO			MD4O	MD2O	MD1O
F0074								
F0075	SPO	KEYO	DRNO	MLKO	SBKO	BDTO		
F0076			ROV2O	ROV1O	RTAP		MP2O	MP1O
F0077		RTO			HS1DO	HS1CO	HS1BO	HS1AO
F0078	*FV70	*FV60	*FV50	*FV40	*FV30	*FV20	*FV10	*FV00
F0079	*JV70	*JV60	*JV50	*JV40	*JV30	*JV20	*JV10	*JV00
F0080	*JV150	*JV140	*JV130	*JV120	*JV110	*JV100	*JV90	*JV80
F0081	-J40	+J40	-J30	+J30	-J20	+J20	-J10	+J10
F0082						RVSL		
F0083								
F0084								
F0085								
F0086								
F0087								
F0088								
F0089								
F0090					ABTSP3	ABTSP2	ABTSP1	AB7SP0

6）输入输出信号的标识符号定义。

① 各方式的主要信号表（表3-10）。

表3-10　各方式的主要信号表

方式		输入输出信号		进给速度等
程序运转	EDIT	【PMC→CNC】 KEY 3	（存储器保护键）	
	MEM	【PMC→CNC】 ST,*SP	（指导运转启动、停止）	【PMC→CNC】
		SBK	（单程序段）	*FV 0~7
		DRN	（试运行）	（切削进给速度倍率）
		BDT 1~9	（程序段删除）	
		KEY 1~4	（存储器保护键）	OVC
		PN 0~16	（工件号检索）	
		DNCI	（遥控运转）	（取消倍率）
		MI1,2,3~8	（各轴镜像）	
		AFL	（辅助功能无效）	
		FIN	（辅助功能完成）	ROV1,ROV2
		MFIN	（高速M指令完成）	（快移速度倍率）
		SFIN	（高速S指令完成）	
		IFIN	（高速T指令完成）	
		BFIN	（高速B指令完成）	F1D
		*SSTP	（主轴停止）	（F1档进给选择：M系）
	MDI	SAR	（主轴速度到达）	
		SOR	（传达比转换）	
		GR1,2	（传动比信号：T系）	SOV 0~7
		RGRAP	（刚性攻螺纹）	
	RMT（远程）	XAE,YAE,ZAE	（输入刀具补偿量用）	（主轴速度倍率）
		SRN	（程序再启动）	
		HS1IA~D	（手轮插入轴选择）	MP 1,2
		【MT→CNC】		
		*DEC1,2,3~8	（回参考点减速）	（手摇脉冲进给倍率）
		SKIP	（跳转）	
		SKIP2~4	（多级跳转）	

（续）

方式		输入输出信号		进给速度等	
程序运转		【CNC→PMC】 STL,SPL （自动运转启动过程中、停顿过程中） OP （自动运转过程中） OUT （切削过程中） MF,M00~M3 （M 指令） DM00,01,02,30 （译码 M 输出） SF,S00~S31 （S 指令） TF,T00~T31 （T 指令） DEN （轴一到分配结束） TAP （攻螺纹过程中） CSS （恒周速控制过程中） THRD （切螺纹过程中） INP1,2,3~8 （各轴到位） IPL1,2,3~8 （各脉冲分配过程中） GR10~GR30 （传动比选择:M 系）			
手动运转	手轮或步进	【PMC→CNC】 HS1A~D （选择手轮轴） * ABSM （选择手动绝对） ±J1,2,3~8 （手动进给移动指令）		【PMC→CNC】 MP1,2 （手轮进给、步进的倍率）	
	JOG	【PMC→CNC】 ±J1,2,3~8 （手动进给移动指令） * ABSM （选择手动绝对）		【PMC→CNC】 * JV0~5 （手动进给速度倍率） RT （快移） ROV1,ROV2 （快移速度倍率）	
	ZRN	【MT→CNC】 * DEC1,2,3~8 （回参考点减速） 【PMC→CNC】 ±J1,2,3~8 （手动进给移动指令） --- 【CNC→PMC】 ZP1,2,3~8 （回参考点结束） ZRF1,2,3~8 （建立参考点）			
	其他	【MT→CNC】 * ESP ±MIT1,2 【PMC→CNC】 MD1,2,4 * ESP ERS RRW * ±L1,2,3~8 MLK,MLK1,2,3~8 * IT,* IT1,2,3~8 ±MIT1,2,3,4 DTCH1,2,3~8 PRC GOQSM,WOQSM,WOSET,OFN0~6 * FLWU SVF1,2,3~8 RLSOT ±LM1,2,3~8 IGNVRY		（急停） （轴方向分别互锁:T 系） （方式选择） （急停） （外部复位） （复位和倒回） （各轴超程极限报警） （机床锁住、各轴机床锁住） （互锁、各轴互锁） （各轴方向分别互锁:M 系） （各伺服轴脱开） （手动刀具补偿量测量值输入 A 用:T 系） （手动刀具补偿量测量值输入 B 用:T 系） （位置跟踪） （各轴伺服关断） （解除软限位） （外部设定各轴软极限） （忽略伺服报警）	

学习领域

3

（续）

方式	输入输出信号	进给速度等
其他	【CNC→PMC】 MA SA AL RST,RWD BAL MV1,2,3~8 MVD1,2,3~8	（CNC 准备完成） （伺服准备完成） （CNC 报警） （复位过程中、倒回过程中） （电池报警） （各轴移动过程中） （各轴移动方向信号）

② 常用 PMC 信号表（表 3-11）。

表 3-11　常用 PMC 信号表

信号 地址	0 系统		16/18/21/0i/PM	
	T	M	T	M
自动循环启动:ST	G120/2	G120/2	G7/2	G7/2
进给暂停:　*SP	G121/5	G121/5	G8/5	G8/5
方式选择:MD1,MD2,MD4	G122/0.1.2	G122/0.1.2	G43/0.1.2	G43/0.1.2
进给轴方向:+X,-X,+Y,-Y, +Z,-Z,+4.-4(0 系统) +J1,+J2,+J3,+J4 -J1-J2,-J3,-J4(16 系统类)	G116/2.3 G117/2.3	G116/2.3 G117/2.3 G118/2.3 G119/2.3	G100/0.1.2.3.	G102/0.1.2.3
手动快速进给　RT	G121/6	G121/6	G19/7	G19/7
手摇进给轴选择/快速倍率: HX/ROV1,HY/ROV2, HZ/DRN,H4(0 系统) HS1A—JS1D(16 系统类)	G116/7 G117/7	G116/7 G117/7 G118/7 G119/7	G18/0.1.2.3	G18/0.1.2.3
手摇进给轴选择/空运行: HZ/DRN(0);DRN(16)	G118/7	G118/7	G46/7	G46/7
手摇进给/增量进给倍率: MP1,MP2	G117/0 G118/0	G120/0 G120/1	G19/4.5	G19/4.5
单程序段运行:SBK	G116/1	G116/1	G46/1	G46/1
程序段选跳:BDT	G116/0	G116/0	G44/0;G45	G44/0;G45
零点返回:ZRN	G120/7	G120/7	G43/7	G43/7
回零点减速: *DECX,*DECY,*DECZ,*DEC4	X16/5;X17.5, X18.5;X19.5	X16/5;X17/5	X1004/0.1.2.3	X1009/0.1.2.3
机床锁住:MLK	G117/1	G117/1	G44/1	G44/1
急停:*ESP	G121/4	G121/4	G8/4	G8/4
进给暂停中:SPL	F148/4	F148/4	F0/4	F0/4
自动循环启动灯:STL	F148/5	F148/5	F0/5	F0/5
回零点结束: ZPX,ZPY,ZPZ,ZP4(0 系统) ZP1,ZP2,ZP3,ZP4(16 系统类)	F148/0.1.2.3	F148/0.1.2.3	F94/0.1.2.3	F94/0.1.2.3
进给倍率: *OV1,*OV2,*OV4,*OV8(0 系统) *FV0--*FV7(16 系统类)	G121/0.1.2.3	G121/0.1.2.3	G12	G12
手动进给倍率: *JV0—*JV15(16 系统类)			F79,F80	F79,F80

（续）

信号 地址	0 系统		16/18/21/0i/PM	
	T	M	T	M
进给锁住：＊ILK，＊RILK		G117/0		
进给锁住：＊IT			G8/0	G8/0
进给轴分别锁住： ＊ITX，＊ITY，＊ITZ，＊IT4(0 系统) ＊IT1--＊IT4(16)	G128/0.1.2.3	G128/0.1.2.3	G130/0.1.2.3	G130/0.1.2.3
各轴各方向锁住： +MIT1—+MIT4； (-MIT1)—(-MIT4)			X1004/2--5	G132/0.1.2.3 G134/0.1.2.3
启动锁住：STLK	G120/1	G120/1	G7/1	
辅助功能锁住：AFL	G103/7	G103/7	G5/6	G5/6
M 功能 BCD 代码：	F151	F151		
M11，M12，M14，M18；M21，M22，M24，M28				
M 功能代码：M00-M31			F10—F13	F10—F13
M00，M01，M02，M30 代码	F154/7.6.5.4		F9/4.5.6.7	F9/4.5.6.7
M 功能(读 M 代码)：MF	F150/0	F150/0	F7/0	F7/0
进给分配结束：DEN	F149/3	F149/3	F1/3	F1/3
S 功能 BCD 代码： S11，S12，S14，S18；S21，S22，S24，S28	F152	F152		
S 功能代码：S00-S31			F22—F25	F22—F25
S 功能(读 S 代码)：SF	F150/2		F7/2	F7/2
T 功能 BCD 代码： T11，T12，T14，T18；T21，T22，T24，T28	F153	F153		
T 功能代码：T00—T31			F26—F29	F26—F29
T 功能(读 M 代码)：TF	F150/3	F150/3	F7/3	F7/3
T4 位数(BCD 码)：T31—T48		F156		
结束：FIN	G120/3	G120/3	G4/3	G4/3
MST 结束：MFIN，SFIN，TFIN，BFIN	G115/0.2.3.7	G115/0.2.3.7		
倍率无效：OVC	G126/4	G126/4	G6/4	G6/4
外部复位：ERS	G121/7	G121/7	G8/7	G8/7
复位：RST	F149/1	F149/1	F1/1	F1/1
NC 准备好：MA	F149/7	F149/7	F1/7	F1/7
伺服装备好：SA	F148/6	F148/6	F0/6	F0/6
手动数据输入已启动：DST	F150/5	F150/7		
自动(存储器)方式运行：OP	F148/7	F148/7	F0/7	F0/7
程序保护：KEY	G122/3	G122/3	F46/3.4.5.6	F46/3.4.5.6
工件号检：PN1，PN2，PN4，PN8，PN16	G122/4—7	G122/4—7	G9/0—4	G9/0—4
外部动作指令：EF	F150/1	F150/1	F8/0	F8/0
进给轴硬超程： ＊+LX，＊+LY，＊+LZ，＊+L4，＊-LX，＊-LY， ＊-LZ，＊-L4(0) ＊+L1--＊+L4；＊-L1--＊-L4(16)	X18/5	X20/0—7	G114/0.1.2.3 G116/0.1.2.3	G114/0.1.2.3 G116/0.1.2.3
伺服断开： SVFX，SVFY，SVFZ，SVF4	G105/0.1.2.3	G105/0.1.2.3	G126/0.1.2.3	G126/0.1.2.3

（续）

信号		0 系统		16/18/21/0i/PM	
地址		T	M	T	M
位置跟踪：*FLWU		G104/5	G104/5	G7/5	G7/5
位置误差检测：SMZ		G126/6		G53/6	
手动绝对值：*ABSM		G127/2	G127/2	G6/2	G6/2
镜像：MIRX,MIRY MIR4		G120/0；G127/1	G127/0.1.7	G106/0.1.2.3	G106/0.1.2.3
螺纹倒角：CDZ		G126/7		G53/7	
系统报警：AL		F149/0	F149/0	F1/0	F1/0
电池报警：BAL		F149/2	F149/2	F1/2	F1/2
DNC 加工：DNCI		G127/5	G127/5	G43/5	G43/5
跳转：SKIP		X8/7	X8/7	X4/7	X4/7
主轴转速到达：SAR		G120/4	G120/4	G29/4	G29/4
主轴停止转动：*SSTP		G120/6	G120/6	G29/6	G29/6
主轴定向：SOR		G120/5	G120/5	G29/5	G29/5
主轴转速倍率：SPA,SPB,SPC,SPD		G103/2.3.4.5	G103/3.4.5		
主轴转速倍率：SOV0—SOV7				G30	G30
主轴换档：GR1,GR2(T) GR1O,GR2O,GR3O(M)		G118/2.3	F152/0.1.2	G28/1.2	F34/0.1.2
串行主轴正转：SFRA		G229/5	G229/5	G70/5	G70/5
串行主轴反转：SRVA		G229/4	G229/4	G70/4	G70/4
S12 位代码输出：R01O—R12O		F172/0-F173/3	F172/0-F173/3	F36；F37	F36；F37
S12 位代码输入：R01I—R12I		G124/0-G125/3	G124/0-G125/3	G32；G33	G32；G33
SSIN		G125/6	G125/6	G33/6	G33/6
SGN		G125/5	G125/5	G33/5	G33/5
机床就绪.MRDY(参数说)		G229/7	G229/7	G70/7	G70/7
主轴急停：*ESPA		G230/1	2G30/1	G71/1	G71/1
定向指令：ORCMA		G229/6	G229/6	G70/6	G70/6
定向完成：ORARA		F281/7	F281/7	F45/7	F45/7

③ 系统工作状态与信号组合（表 3-12）。

表 3-12 系统工作状态与信号组合

工作状态	系统及系统状态显示		ZRN	DNC1	MD4	MD2	MD1
		FS-OC/OD	G120.7	G127.5	G122.2	G122.1	G122.0
	FS-16/18/21/0i FS-16i/18i/21i		G43.7	G43.5	G43.2	G43.1	G43.0
程序编辑	EDIT	EDIT	0	0	0	1	1
存储器运行	MEM	AUTO	0	0	0	0	1
手动数据输入	MDI	MDI	0	0	0	0	0
手轮进给	HND	HND	0	0	1	0	0
手动连续进给	JOG	JOG	0	0	1	0	1

（续）

工作状态	系统及系统状态显示		ZRN G120.7	DNC1 G127.5	MD4 G122.2	MD2 G122.1	MD1 G122.0
	FS-OC/OD						
	FS-16/18/21/0*i* FS-16*i*/18*i*/21*i*		G43.7	G43.5	G43.2	G43.1	G43.0
返回参考点	REF	ZRN	1	0	1	0	1
远程运行	RMT	RMT	0	1	0	0	1
手摇示教	THND	THND	0	0	1	1	1

④ 方式选择检查输出信号（表 3-13）。

表 3-13 方式选择检查输出信号

方 式		输 入 信 号					输 出 信 号
		MD4	MD2	MD1	DNC1	ZRN	
自动 运行	手动数据输入(MDI)(MDI 运行)	0	0	0	0	0	MMDI<F003#3>
	存储器运行(MEM)	0	0	1	0	0	MMEM<F003#5>
	DNC 运行(RMT)	0	0	1	1	0	MRMT<F003#6>
	编辑(EDIT)	0	1	1	0	0	MEDT<F003#6>
手动 操作	手轮进给/增量进给 （HANDLE/INC）	1	0	0	0	0	MH<F003#1>
	手动连续进给(JOG)	1	0	1	0	0	MJ<F003#2>
	手动返回参考点(REF)	1	0	1	0	1	MREF<F004#5>
	手轮示数 TEACH IN JOG （TJOG）	1	1	0	0	0	MTCHIN<F003#7> MJ<F003#2>
	手动连续示数 TEACH IN HANDLE(THND)	1	1	1	0	0	MTCHIN<F003#7> MH<F003#1>

★ **技能训练**：指出下面同一个程序有何不同（图 3-38）。

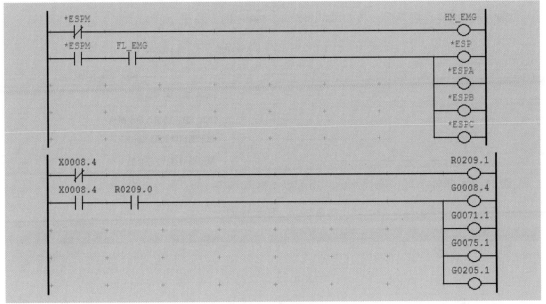

图 3-38 程序图

7）PMC 顺序程序查找接口信号方法。

显示 PMC 画面。

- 按 SYSTEM 键。

- ［PARAMETER］ ［诊断］ ［PMC］ ［SYSTEM］ ［（操作）］

按此操作后，显示如下所示的 PMC 画面（图 3-39）。

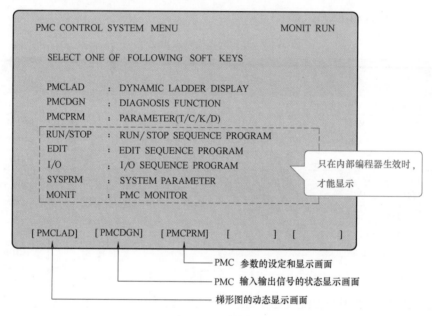

图 3-39 PMC 画面

内部编程器启动后，按右端的继续键 ▇▄ 时，将进一步显示如下所示的菜单：

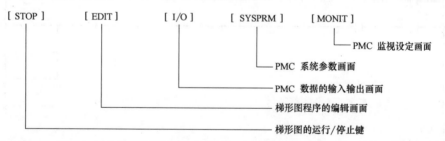

■ 内部编辑器不同，所显示的菜单数也不同（表 3-14）。

表 3-14 显示的菜单

	PMC-SA/SB 系无编辑卡	PMC-SA/SB 系 (有编辑卡)
RUN/STOP	○	○
EDIT	×	○
I/O	○	○
SYSPRM	×	○
MONITR	×	○

注：×表示不能使用。

- 按 SYSTEM 键。
- 用以下操作显示 PMCLAD 画面（图 3-40）。

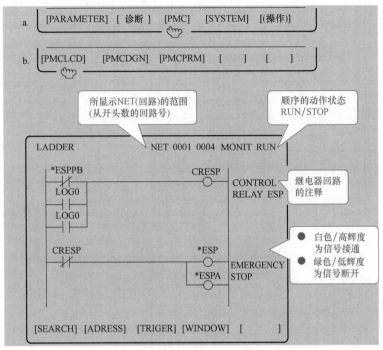

图 3-40　PMCLAD 画面

■ 显示的切换
- （ADRESS）：用地址和位号显示梯形图
- （SYMBOL）：用信号名（符号）显示梯形图（没有登录符号时，用地址进行显示）
■ 检索功能指示
检索功能指令如 DECB25，步骤如下：

功能指令的种类及处理过程见表 3-15。
■ 梯形图回路元件的检索方法如图 3-41 所示。
如检索 x0027.5，输入 x0027.5，按［SRCH］键，梯形图即显示包含 x0027.5 的画面。
■ NC 上的指令处理（译码）。
因为 NC 是用二进制码把指令（如 M03）的内容输送到 PMC 的，所以要使用 PMC 的二进制译码功能命令（SUB25）对二进制码进行译码处理，如图 3-42 所示。
8）输入输出信号接口。
① 信号输入形式（图 3-43）。
a. 漏型输入。接收器的输入侧有下拉电阻，开关的接点闭合时，电流将流入接收器（因电流是流入的所以称为漏型）；+24V 可由外部提供。

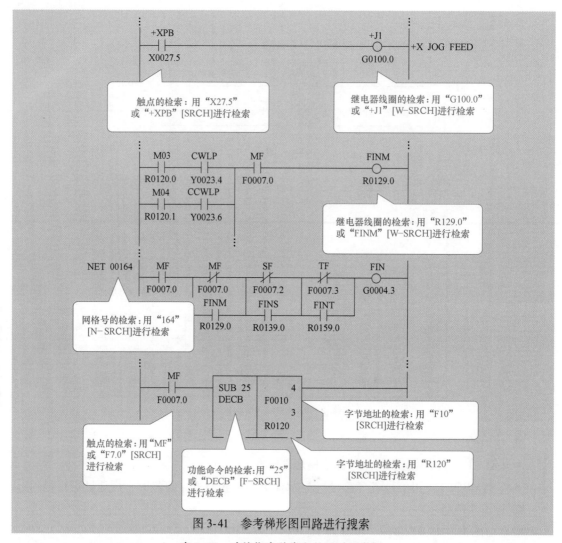

图 3-41　参考梯形图回路进行搜索

表 3-15　功能指令种类和处理过程举例

编号	功能指令	符　号	处 理 内 容
1	END1	SUB1 / END1	第一级程序结束
2	END2	SUB2 / END2	第二级程序结束
3	TMR	ACT — SUB3 / TMR — 000（定时器号）	可变定时器,其设定的时间在屏幕的定时器画面中显示和设定 ACT＝启动信号
4	TMRB	ACT — SUB24 / TMRB — 0000（定时器号） 0000（设定时间）	固定定时器,设定时间在编程时确定,不能通过定时器画面修改
5	DEC	ACT — SUB4 / DEC — 0000（译码地址） 0000（译码指令）	译码,将从译码地址读取的 BCD 码与译码指令中的给定值对比,一致输出"1",不同输出"0"。主要用于 M 或 T 功能译码

（续）

编号	功能指令	符 号	处 理 内 容
6	DECB	BYT —— SUB25 DECB — 0000（数据格式指定） 0000（代码数据地址） 0000（译码指定数） 0000（结果输出地址）	二进制译码，可对 1、2 或 4 个字节的二进制代码数据译码。指定的 8 位连续数据之一与代码数据相同，则对应的输出数据位为 1
7	CTR	CN0 UPDOWN RST ACT — SUB5 CTR — 0000 （计数器值）	计数器，可作预置型、环形、加/减计数器，并可选择 1 或 0 作为初始值。CN0 = 初始值选择；UPDOWN = 加/减计数器选择；RST = 复位
8	ROT	RNO BYT DIR POS INC ACT — SUB6 ROT — 0000（转台定位地址） 0000（当前位置地址） 0000（目标位置地址） 0000（计算结果输出地址）	旋转控制，用于回转控制，如刀架、旋转工作台等 RNO = 转台的起始号 1 或 0 BYT = 位置数据的位数 DIR = 是否执行旋转方向短路径选择 POS = 旋转操作条件 INC = 选择位置数或步数
9	ROTB	RNO DIR POS INC ACT — SUB26 ROTB — 0000（数据格式指定） 0000（转台定位地址） 0000（当前位置地址） 0000（目标位置地址） 0000（计算结果输出地址）	二进制旋转控制，其处理的数据为二进制格式，除此之外，ROTB 的编码与 ROT 相同，数据格式指定 = 1 字节、2 字节或 4 字节
10	JMP	ACT — SUB10 JMP 0000 （线圈数）	跳转，用于梯形图程序的转移。当执行时，跳至跳转结束指令（JMPE）而不执行与 JMP 指令之间的梯形图
11	JMPE	SUB30 JMPE	跳转结束，用于表示（JMP）跳转指令区域指定的区域终点，必须与 JMP 合用
12	DIFU	ACT — SUB57 DIFU 0000（上升沿号）	上升沿检测，在输入信号上升沿的扫描周期中将输出信号设置为 1
13	DIFD	ACT — SUB58 DIFU 0000（下降沿号）	下降沿检测，在输入信号下降沿的扫描周期中将输出信号设置为 1
14	END	SUB64 END	梯形图程序结束，表明梯形图程序的结束。此指令放在梯形图程序的最后

b. 源型输入。接收器的输入侧有上拉电阻，开关的接点闭合时，电流将从接收器流出（因为电流是流出的所以称为源型）。

② 信号输出形式（图 3-44）。

源型输出把驱动负载的电源接在印制板的 DOCOM 上。

PMC 接通输出信号（Y）时，印制板内的驱动回路即动作，输出端子有施加电压（因为电流是从印制板上流出的，所以称为源型）。

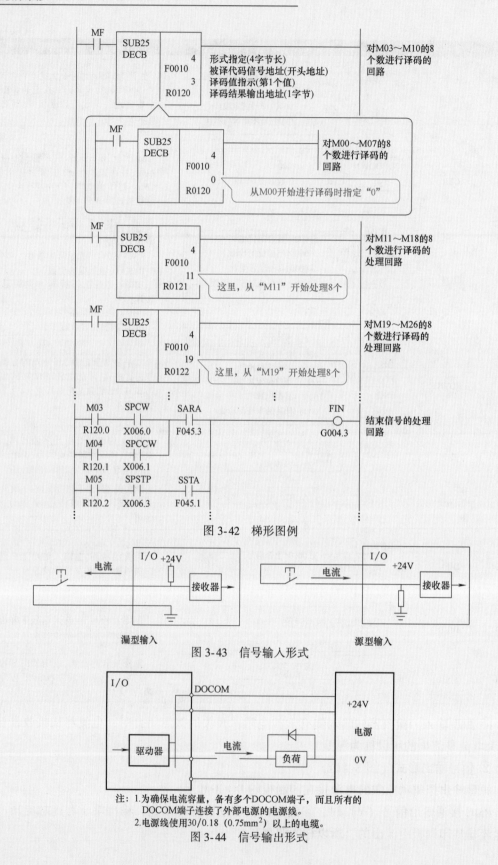

图 3-42 梯形图例

图 3-43 信号输入形式

注：1.为确保电流容量，备有多个DOCOM端子，而且所有的
DOCOM端子连接了外部电源的电源线。
2.电源线使用30/0.18（0.75mm^2）以上的电缆。

图 3-44 信号输出形式

9）FANUC 系统 CNC 与 PLC 信息控制实例。

★**技能训练**　根据以上接口信息，查出加工中心 MV106A（M18*i*）手轮 *X* 轴选择有效信息交换过程。

① 手轮模式选择。

MT→PLC 信息：

	X24. 2	X24. 1	X24. 0
HANDLE	0	1	1
AUTO	1	1	0

PLC→CNC 信息：

	G43. 2	G43. 1	G43. 0
HANDLE	1	0	0
AUTO	0	0	1
JOG	1	0	1
MDI	0	0	1
EDIT	0	1	1

② 手轮 *X* 轴选择。

MT→PLC 信息：

	X17. 2	X17. 3	X17. 4
	X	Y	Z

PLC→CNC 信息：（轴和倍率选择）

	G18. 2	G18. 1	G18. 0
X	0	0	1
Y	0	1	0
Z	0	1	1
4	1	0	0

	G19. 5	G19. 4
×1	0	0
×10	0	1
×100	1	0

PLC→MT 信息：Y9. 7＝1　手轮灯亮

★**技能训练**　查出加工中心 MV106A（M18*i*）手动切削液功能有效信息交换过程。

预备知识：　DECB 二进制译码（图 3-45）

DECB 可对一、二或四字节的二进制代码数据译码，所指定的八位连续数据之一与代码数据相同时，对应的输出数据位为 1。

此指令用于 M 或 T 功能的数据译码。经 F 赋值于 PMC 元件。

图 3-45　DECB 二进制译码

参数：

a. 格式指定：在参数的第一位数据设定代码数据的大小。

0001：代码数据为一字节的二进制代码数据

0002：代码数据为二字节的二进制代码数据

0004：代码数据位四字节的二进制代码数据

b. 代码数据地址：给定义存储代码数据地址。

c. 译码指定数：给定要译码的 8 个连续数字的第一位（#0~7 的第几位开始）

d. 译码结果地址：给定一个输出译码结果的地址，存储区必须有一字节的区域提供给输出。

① 手动启动切削液（图 3-46）。

X23.0→R1023.0→R1504.2→R1504.4→R1100.5→Y0.5

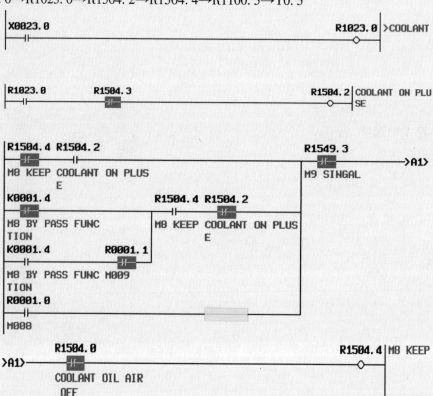

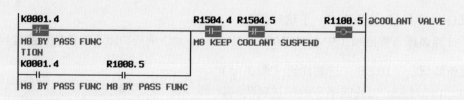

图 3-46　手动启动切削液

② M08 程序启动切削液（图 3-47）。

M08→F11.0=1→R1.0→R1504.4→R1100.5→Y0.5

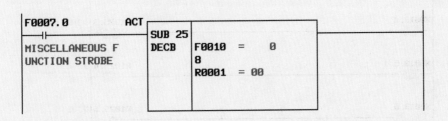

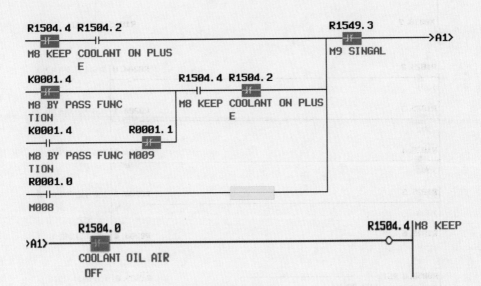

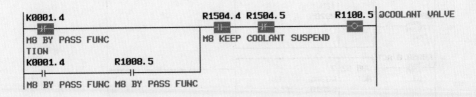

图 3-47　M08 程序启动切削液

通过手动启动切削液和自动程序启动切削液，分析 CNC 与 PLC 之间信息交换过程。

> 讨论：图 3-48 所示梯形图的进给倍率功能如何实现？

（2）三菱（MITSUBISHI）系统 CNC 与 PLC 信息控制过程

1）三菱系统 PMC 信息控制过程。

三菱系统 PMC 信息控制过程如图 3-49 所示：

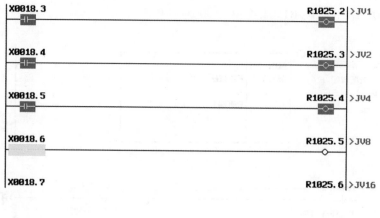

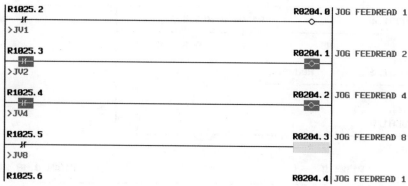

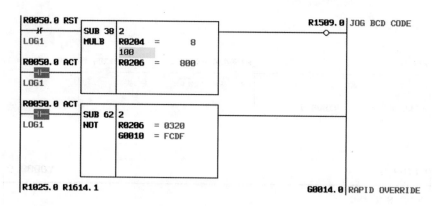

图 3-48　进给倍率功能

2) 各信号地址定义及范围。

三菱 PLC 中使用的元件见表 3-16（PLC4B 格式）。

使用 PLC4B 时的元件编号与使用 GE-Developer 时的元件编号见表 3-17。文件寄存器全图如图 3-50 所示。

3) 机床与 PMC 间的信号（X、Y）。

① 机械输入信号（MT→PLC）（表 3-18）。

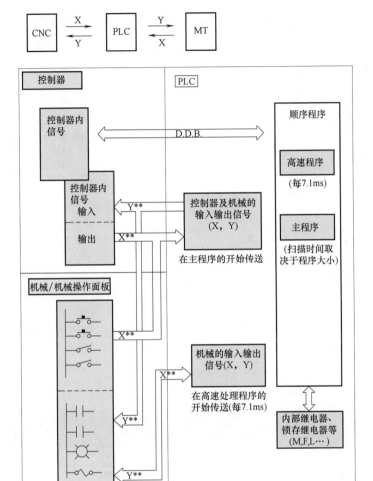

图 3-49   三菱系统 PMC 信息控制过程

表 3-16   三菱 PLC 中使用的元件

元件	元件编号		单位	内　容
X※	X0~X4BF	(1216 点)	1 位	向 PLC 的输入信号,机械输入等
Y※	Y0~Y53F	(1344 点)	1 位	向 PLC 的输出信号,机械输入等
U※	U0~U178	(384 点)	1 位	向 PLC 的输入信号,第 2 系统所用信号
W※	W0~W1FF	(512 点)	1 位	向 PLC 的输出信号,第 2 系统所用信号
M	M0~M5119	(5120 点)	1 位	临时记忆
G	G0~G3071	(3072 点)	1 位	临时记忆
F	F0~F127	(128 点)	1 位	临时记忆(报警信息接口)
L	L0~L255	(256 点)	1 位	锁定继电器(备份存储)
E※	E0~E127	(128 点)	1 位	特殊继电器
T	T0~T15	(16 点)	1 位/16 位	10ms 单位计时器
	T16~T95	(80 点)	1 位/16 位	100ms 单位计时器
	T96~T103	(8 点)	1 位/16 位	100ms 累计计时器

学习领域

3

（续）

元件	元件编号		单位	内　容
Q	Q0~Q39	（40点）	1位/16位	10ms单位计时器（固定计时器）
	Q40~Q135	（96点）	1位/16位	100ms单位计时器（固定计时器）
	Q136~Q151	（16点）	1位/16位	100ms单位计时器（固定计时器）
C	C0~C23	（24点）	1位/16位	计数器
B	B0~B103	（104点）	1位/16位	计数器（固定计数器）
D	D0~D1023	（1024点）	16位/32位	数据寄存器，运算用寄存器
R※	R0~R8191	（8192点）	16位/32位	文件寄存器，PLC-控制器间用户开放接口为 R500~R549 与 R1900~R2799，R1900~R2799 用于备份到电池中
A	A0，A1	（2点）	16位/32位	累计器
Z	—	（1点）	16位	D 或 R 的地址索引（±n 用）
V	—	（1点）	16位	D 或 R 的地址索引（±n 用）
N	N0~N7	（8点）	—	主控制的嵌套等级
P※	P0~P225	（256点）	—	条件跳转、子程序呼叫命令
K	K32768~K32767		—	16位命令用10进制常数
	K217483648~K214783647		—	32位命令用10进制常数
H	H0~HFFFF		—	16位命令用16进制常数
	H0~HFFFFFFFF		—	32位命令用16进制常数

注：1. 表中带※元件的用途是固定的。与机械侧之间的输入输出信号（远程 I/O 单元的输入输出信号）所对应的元件除外，即使是未定义的空元件也不可使用。

2. 添加了表中所示的格式。请根据需要复制后使用。

表 3-17　使用 PLC4B 时的元件编号与使用 GE-Developer 时的元件编号

使用 PLC4B 时的元件编号	使用 GX-Developer 时的元件编号	使用 PLC4B 时的元件编号	使用 GX-Developer 时的元件编号
X0~X4BF	X0~X4BF	T0~T15	T0~T15
U0~U17F	X4C0~X63F	Q0~Q39	T16~T55
I0~I3FF	X640~XA3F	T16~T95	T56~T135
S0~S1F	XA40~XAFF	Q40~Q135	T136~T231
S40~S5F		T96~T103	T232~T239
S80~S9F		Q136~Q151	T240~T255
SC0~SDF		C0~C23	C0~C23
S100~S13F		B0~B103	C24~C127
Y0~Y53F	Y0~Y53F	D0~D1023	D0~D1023
W0~W1FF	Y540~Y73F	R0~R8191	R0~R8191
J0~J63F	Y740~YD7F	A0，A1	
S20~S3F	YD80~YDFF	Z	Z0
S60~S7F		V	Z1
SA0~SBF		N0~N7	N0~N7
SE0~SFF		P0~P255	P0~P255
M0~M5119	M0~M5119	K-32768~K32767	K-32768~K32767
G0~G3071	M5120~M8191	K-2147483648~K2147483647	K-2147483648~K2147483647
F0~F127	F0~F127	H0~HFFFF	H0~HFFFF
L0~L255	L0~L255	H0~HFFFFFFFF	H0~HFFFFFFFF
E0~E127	SM0~SM127		

R000	R00～R99	…… 控制器 → PLC 信号 I/F（MS.T代码等）
R100	R100～R199	…… PLC → 控制器信号 I/F（进给倍率代码等）
R200	R200～R499	…… 系统预留
R500	R500～R549	…… 用户开放（非备份区域）
R560	R560～R567	…… 外部机械坐标系补偿I/F
R600	R600～R699	…… 系统预留
R700	R700～R999	…… PC Link通信用I/F
R1000	R1000～R1199	…… 系统预留
R1200	R1200～R1224	…… 10ms 计时器线圈（扩展400）
R1225	R1225～R1249	…… 系统预留
R1250	R1250～R1274	…… 10ms 计时器触点（扩展400点）
R1275	R1275～R1879	…… 系统预留
R1880	R1880～R1889	…… MELSEC LinkⅡ诊断用I/F（MELDASMAGIC 64 中不可用）
R1900	R1900～R2799	…… 用户开放（备份区域）
R2800	R2800～R2895	…… 参数：PLC常数 对应1～48
R2900	R2900～R2947	…… 参数：位选择 对应1～96（但49～96为系统预留区）
R2950	R2950～R2999	…… ACT刀具登录通用数据（主轴刀具等）
R3000	R3000～R3159（80本）	…… ATC刀具登录第1刀具库用数据（对应ATC刀具登录画面）刀具寿命管理数据（车床：R3000～R3639）
R3240	R3240～R3399（80本）	…… ATC刀具登录第2刀具库用数据
R3480	R3480～R3639（80本）	…… ATC刀具登录第3刀具库用数据
R3720	R3720～R3735	…… 刀具寿命管理I/F（加工中心）
R3736	R3736～R3999	…… 系统预留
R4000	R4000～R4399	…… MELSEC LinkⅡ用数据缓存（MELDASMAGIC 64中不可用）
R4400	R4400～R4449	…… 参数：位选择2 对应97到196
R4450	R4450～R4499	…… MELSEC LinkⅡ用数据缓存（MELDASMAGIC 64中不可用）
R4500	R4500～R4899	…… 系统预留
R4900	R4900～R4995	…… 参数：PLC常数2 对应49～96
R4996	R4996～R5479	…… 系统预留
R5480	R5480～R6279	…… 刀具寿命管理I/F（用于车床中带后备刀具的刀具寿命管理）
R6280		…… 系统预留
R8191		

图 3-50　文件寄存器全图

注：该系统预留用于三菱电动机的功能扩展，请勿使用。

表 3-18 在基本 I/O 单元中使用 DX35□/45□时来自机械侧的输入信号

元件	简称	信 号 名 称	插头	元件	简称	信 号 名 称	插头
X0			B20	X8			B12
X1			B19	X9			B11
X2			B18	XA			B10
X3			B17	XB			B09
X4			B16	XC			B08
X5			B15	XD			B07
X6			B14	XE			B06
X7			B13	XF			B05
X10			A20	X18		＊参考点返回近点检测 1	A12
X11			A19	X19		＊参考点返回近点检测 2	A11
X12			A18	X1A		＊参考点返回近点检测 3	A10
X13			A17	X1B		＊参考点返回近点检测 4	A09
X14			A16	X1C			A08
X15			A15	X1D			A07
X16			A14	X1E			A06
X17			A13	X1F			A05
X20		＊行程终端 −1	B20	X28		＊行程终端+1	B12
X21		＊行程终端 −2	B19	X29		＊行程终端+2	B11
X22		＊行程终端 −3	B18	X2A		＊行程终端+3	B10
X23		＊行程终端 −4	B17	X2B		＊行程终端+4	B09
X24			B16	X2C			B08
X25			B15	X2D			B07
X26			B14	X2E			B06
X27			B13	X2F			B05
X30			A20	X38			A12
X31			A19	X39			A11
X32			A18	X3A			A10
X33			A17	X3B			A09
X34			A16	X3C			A08
X35			A15	X3D			A07
X36			A14	X3E			A06
X37			A13	X3F			A05

插头针脚与元件的关系。输入（DI）信号如图 3-51 所示。

② PMC→机床之间的信号（Y）（表 3-19）。

表 3-19 在基本 I/O 单元中使用 DX35□/45□时向机械侧输出的信号

元件	简称	信 号 名 称	插头	元件	简称	信 号 名 称	插头
Y0			B20	Y8			B12
Y1			B19	Y9			B11
Y2			B18	YA			B10
Y3			B17	YB			B09
Y4			B16	YC			B08
Y5			B15	YD			B07
Y6			B14	YE			B06
Y7			B13	YF			B05

（续）

元件	简称	信 号 名 称	插头	元件	简称	信 号 名 称	插头
Y10			A20	Y18			A12
Y11			A19	Y19			A11
Y12			A18	Y1A			A10
Y13			A17	Y1B			A09
Y14			A16	Y1C			A08
Y15			A15	Y1D			A07
Y16			A14	Y1E			A06
Y17			A13	Y1F			A05
Y20			B20	Y28			B12
Y21			B19	Y29			B11
Y22			B18	Y2A			B10
Y23			B17	Y2B			B09
Y24			B16	Y2C			B08
Y25			B15	Y2D			B07
Y26			B14	Y2E			B06
Y27			B13	Y2F			B05
Y30			A20	Y38			A12
Y31			A19	Y39			A11
Y32			A18	Y3A			A10
Y33			A17	Y3B			A09
Y34			A16	Y3C			A08
Y35			A15	Y3D			A07
Y36			A14	Y3E			A06
Y37			A13	Y3F			A05

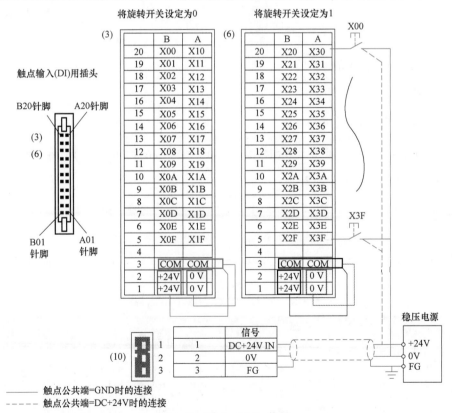

图 3-51　输入（DI）信号

注：1. 点数（元件）因 RIO 单元的类型而异。

2. 此处所示的元件表示 RIO 单元的站数设定旋转开关是"0"或"1"时的示例。

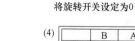

注意：地址与插 A、B 的对应关系，如 Y6 对应插头 B15。

输出（DO）信号如图 3-52 所示。

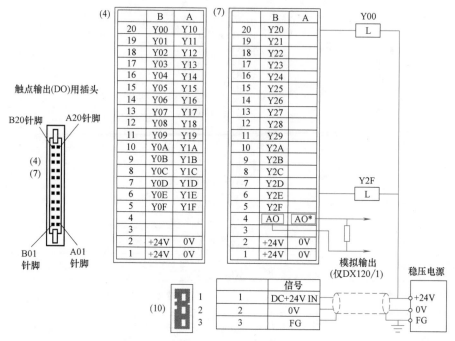

图 3-52　输出（DO）信号

注 1. 点数（元件）因 RIO 单元的类型而异。

2. 此处所示的元件表示 RIO 单元的站数设定旋转开关是"0"或"1"时的示例。

3. 在（7）的输出插头中，A4、B4 针脚的模拟输出（AO、AO*）仅存在于 RIO 单元 DX120/DX121 内。

4）PLC→CNC 信号 Y（表 3-20）

注意：地址标识与 PLC→机床信号 Y 相同，地址数在 180 以上。

PLC→CNC（PLC4B：M50、M60 系统 PLC 格式）

PLC→CNC（GX-Developer）见表 3-20，GX-Developer 三菱 M70、M700 数控系统通用开发软件。

表 3-20　PLC→CNC（GX-Developer）

元件编号				元件编号			
系统 1	系统 2	简称	信 号 名 称	系统 1	系统 2	简称	信 号 名 称
Y180	Y540	DTCH1	控制轴取出　1 轴	Y188	Y548	*SVF1	伺服关闭　1 轴
Y181	Y541	DTCH2	控制轴取出　2 轴	Y189	Y549	*SVF2	伺服关闭　2 轴
Y182	Y542	DTCH3	控制轴取出　3 轴	Y18A	Y54A	*SVF3	伺服关闭　3 轴
Y183	Y543	DTCH4	控制轴取出　4 轴	Y18B	Y54B	*SVF4	伺服关闭　4 轴
Y184	Y544	DTCH5	控制轴取出　5 轴	Y18C	Y54C	*SVF5	伺服关闭　5 轴
Y185	Y545	DTCH6	控制轴取出　6 轴	Y18D	Y54D	*SVF6	伺服关闭　6 轴
Y186	Y546	DTCH7	控制轴取出　7 轴	Y18E	Y54E	*SVF7	伺服关闭　7 轴
Y187	Y547	DTCH8	控制轴取出　8 轴	Y18F	Y54F	*SVF8	伺服关闭　8 轴

（续）

元件编号				元件编号			
系统 1	系统 2	简称	信 号 名 称	系统 1	系统 2	简称	信 号 名 称
Y190	Y550	MI1	镜像　第 1 轴	Y198	Y558	* +EDT1	外部减速+1 轴
Y191	Y551	MI2	镜像　第 2 轴	Y199	Y559	* +EDT2	外部减速+2 轴
Y192	Y552	MI3	镜像　第 3 轴	Y19A	Y55A	* +EDT3	外部减速+3 轴
Y193	Y553	MI4	镜像　第 4 轴	Y19B	Y55B	* +EDT4	外部减速+4 轴
Y194	Y554	MI5	镜像　第 5 轴	Y19C	Y55C	* +EDT5	外部减速+5 轴
Y195	Y555	MI6	镜像　第 6 轴	Y19D	Y55D	* +EDT6	外部减速+6 轴
Y196	Y556	MI7	镜像　第 7 轴	Y19E	Y55E	* +EDT7	外部减速+7 轴
Y197	Y557	MI8	镜像　第 8 轴	Y19F	Y55F	* +EDT8	外部减速+8 轴
Y1A0	Y560	* -EDT1	外部减速-1 轴	Y1A8	Y568	* +AIT1	自动互锁+1 轴
Y1A1	Y561	* -EDT2	外部减速-2 轴	Y1A9	Y569	* +AIT2	自动互锁+2 轴
Y1A2	Y562	* -EDT3	外部减速-3 轴	Y1AA	Y56A	* +AIT3	自动互锁+3 轴
Y1A3	Y563	* -EDT4	外部减速-4 轴	Y1AB	Y56B	* +AIT4	自动互锁+4 轴
Y1A4	Y564	* -EDT5	外部减速-5 轴	Y1AC	Y56C	* +AIT5	自动互锁+5 轴
Y1A5	Y565	* -EDT6	外部减速-6 轴	Y1AD	Y56D	* +AIT6	自动互锁+6 轴
Y1A6	Y566	* -EDT7	外部减速-7 轴	Y1AE	Y56E	* +AIT7	自动互锁+7 轴
Y1A7	Y567	* -EDT8	外部减速-8 轴	Y1AF	Y56F	* +AIT8	自动互锁+8 轴
Y1B0	Y570	* -AIT1	自动互锁-1 轴	Y1B8	Y578	* +MIT1	手动互锁+1 轴
Y1B1	Y571	* -AIT2	自动互锁-2 轴	Y1B9	Y579	* +MIT2	手动互锁+2 轴
Y1B2	Y572	* -AIT3	自动互锁-3 轴	Y1BA	Y57A	* +MIT3	手动互锁+3 轴
Y1B3	Y573	* -AIT4	自动互锁-4 轴	Y1BB	Y57B	* +MIT4	手动互锁+4 轴
Y1B4	Y574	* -AIT5	自动互锁-5 轴	Y1BC	Y57C	* +MIT5	手动互锁+5 轴
Y1B5	Y575	* -AIT6	自动互锁-6 轴	Y1BD	Y57D	* +MIT6	手动互锁+6 轴
Y1B6	Y576	* -AIT7	自动互锁-7 轴	Y1BE	Y57E	* +MIT7	手动互锁+7 轴
Y1B7	Y577	* -AIT8	自动互锁-8 轴	Y1BF	Y57F	* +MIT8	手动互锁+8 轴
Y200	Y5C0	ZSL1	参考点位置选择 1	Y208	Y5C8	J	JOG 模式
Y201	Y5C1	ZSL2	参考点位置选择 2	Y209	Y5C9	H	手轮模式
Y202	Y5C2			Y20A	Y5CA	S	增量模式
Y203	Y5C3			Y20B	Y5CB	PTP	手动任意进给模式
Y204	Y5C4			Y20C	Y5CC	ZRN	参考点返回模式
Y205	Y5C5			Y20D	Y5CD	AST	自动初始设定模式
Y206	Y5C6			Y20E	Y5CE		
Y207	Y5C7		参考点位置选择方式	Y20F	Y5CF		
Y210	Y5D0	MEM	记忆模式	Y218	Y5D8	ST	自动运转启动
Y211	Y5D1	T	纸带模式	Y219	Y5D9	* SP	自动运转停止
Y212	Y5D2		—	Y21A	Y5DA	SBK	单节
Y213	Y5D3	D	MDI 模式	Y21B	Y5DB	* BSL	单节开始互锁
Y214	Y5D4		—	Y21C	Y5DC	* CSL	切削单节开始互锁
Y215	Y5D5		DNC 运转模式▲	Y21D	Y5DD	DRN	空运转
Y216	Y5D6			Y21E	Y5DE		
Y217	Y5D7			Y21F	Y5DF	ERD	错误检测
Y220	Y5E0	NRST1	NC 复位 1	Y228	Y5E8	TLM	刀长测量 1
Y221	Y5E1	NRST2	NC 复位 2	Y229	Y5E9	TLMS	刀长测量 2(L 系)
Y222	Y5E2	RRW	复位 & 倒带	Y22A	Y5EA		同期修正模式
Y223	Y5E3	* CDZ	倒角	Y22B	Y5EB	PRST	程序重启
Y224	Y5E4	ARST	自动重启	Y22C	Y5EC	PB	录返
Y225	Y5E5	GFIN	齿轮换档完成	Y22D	Y5ED	UIT	宏程序插入
Y226	Y5E6	FIN1	辅助功能完成 1	Y22E	Y5EE	RT	快速进给
Y227	Y5E7	FIN2	辅助功能完成 2	Y22F	Y5EF		—

（续）

元件编号				元件编号			
系统 1	系统 2	简称	信 号 名 称	系统 1	系统 2	简称	信 号 名 称
Y230	Y5F0	ABS	手动绝对	Y238	—	*KEY1	数据保护键 1
Y231	Y5F1	DLK	显示锁定	Y239	—	*KEY2	数据保护键 2
Y232	Y5F2		F1 位速度变更有效	Y23A	—	*KEY3	数据保护键 3
Y233	Y5F3	CRQ	重新计算要求	Y23B	—	—	—
Y234	—	RHD1	累积时间输入 1	Y23C	—	PDISP	运转中程序显示
Y235	—	RHD2	累积时间输入 2	Y23D	Y5FD		倾斜轴控制有效
Y236	Y5F6	PIT	PLC 插入信号	Y23E	Y5FE		倾斜轴控制:无 Z 轴补偿
Y237	Y5F7			Y23F	Y5FF	BDT1	可选单节跳跃

★**技能训练**：编写一个手动模式 X、Y、Z 轴的选择程序。

★**技能训练**：编写一个自动运行状态下，单节 SBL 有效程序。

功能 PLC→CNC（PLC4B）信号 M700 与 M60S/M625 的比较见表 3-21。

表 3-21　功能 PLC→CNC（PLC4B）信号 M700 与 M60S/M625 的比较

种别	项 目	M700	M60S/M625
系统资料	PLC 紧急停	YC2C	Y29F
	第 1 手轮轴号码选择 1	YC40	Y248
	第 1 手轮轴号码选择 2	YC41	Y249
	第 1 手轮轴号码选择 4	YC42	Y29A
	第 1 手轮有效	YC47	Y24F
	OVERRIDE 取消	YC58	Y298
	手动 OVERRIDE 有效	YC59	Y299
	切削进给 OVERRIDE 1	YC60	Y2A0
	切削进给 OVERRIDE 2	YC61	Y2A1
	切削进给 OVERRIDE 4	YC62	Y2A2
	切削进给 OVERRIDE 8	YC63	Y2A3
	切削进给 OVERRIDE 16	YC64	Y2A4
	切削 OVERRIDE 数值设定方式 R136	YC67	Y2A7
	快速进给 OVERRIDE 1	YC68	Y2A8
	快速进给 OVERRIDE 2	YC69	Y2A9
	快速进给 OVERRIDE 数值设定方式	YC6F	Y2AF
	FEED RATE=0　M01 报警		Y2A7
	手动进给速度 1	YC70	Y2B0
	手动进给速度 2	YC71	Y2B1
	手动进给速度 4	YC72	Y2B2
	手动进给速度 8	YC73	Y2B3
	手动进给速度 16	YC74	Y2B4
	手动进给速度数值设定方式 R134	YC77	Y2B7
	手轮/增量进给倍率 1	YC80	Y2C0
	手轮/增量进给倍率 2	YC81	Y2C1
	手轮/增量进给倍率 4	YC82	Y2C2
主轴资料	主轴 OVERRIDE 1	Y1888	Y288
	主轴 OVERRIDE 2	Y1889	Y289
	主轴 OVERRIDE 4	Y188A	Y28A
	主轴停止	Y1894	Y294
	主轴定位	Y1896	Y296
	主轴正转启动	Y1898	Y2D0
	主轴反转启动	Y1899	Y2D1

（续）

种别	项　　目	M700	M60S/M625
系统资料	JOG 模式	YC00	Y208
	手轮模式	YC01	Y209
	增量模式	YC02	Y20A
	手动任意进给模式	YC03	Y20B
	参考点复归模式	YC04	Y20C
	程序运转模式(记忆模式)	YC08	Y210
	TAPE 模式	YC09	Y211
	MDI 模式	YC0B	Y213
	自动运转启动	YC10	Y218
	自动运转暂停	YC11	Y219
	单节	YC12	Y21A
	单节开始互锁	YC13	Y21B
	空跑(试运行)	YC15	Y21D
	NC 重置 1	YC18	Y220
	NC 重置 2	YC19	Y221
	重置 &REWIND	YC1A	Y222
	程序再启动	YC23	Y22B
	快速进给	YC26	Y22E
	手动绝对值	YC28	Y230

5）CNC→PMC 信号 X。

⚠ **注意**：地址标识与机床→PLC 信号 X 相同，地址数在 180 以上。

CNC→PLC（GX-Developer）见表 3-22、表 3-23。

表 3-22　CNC→PLC（GX-Developer）

元件编号				元件编号			
系统 1	系统 2	简称	信号名称	系统 1	系统 2	简称	信号名称
X180	X4C0	RDY1	伺服 Ready　1 轴	X188	X4C8	AX1	轴选择输出　1 轴
X181	X4C1	RDY2	伺服 Ready　2 轴	X189	X4C9	AX2	轴选择输出　2 轴
X182	X4C2	RDY3	伺服 Ready　3 轴	X18A	X4CA	AX3	轴选择输出　3 轴
X183	X4C3	RDY4	伺服 Ready　4 轴	X18B	X4CB	AX4	轴选择输出　4 轴
X184	X4C4	RDY5	伺服 Ready　5 轴	X18C	X4CC	AX5	轴选择输出　5 轴
X185	X4C5	RDY6	伺服 Ready　6 轴	X18D	X4CD	AX6	轴选择输出　6 轴
X186	X4C6	RDY7	伺服 Ready　7 轴	X18E	X4CE	AX7	轴选择输出　7 轴
X187	X4C7	RDY8	伺服 Ready　8 轴	X18F	X4CF	AX8	轴选择输出　8 轴
X190	X4D0	MVP1	轴移动中　+1 轴	X198	X4D8	MVM1	轴移动中　−1 轴
X191	X4D1	MVP2	轴移动中　+2 轴	X199	X4D9	MVM2	轴移动中　−2 轴
X192	X4D2	MVP3	轴移动中　+3 轴	X19A	X4DA	MVM3	轴移动中　−3 轴
X193	X4D3	MVP4	轴移动中　+4 轴	X19B	X4DB	MVM4	轴移动中　−4 轴
X194	X4D4	MVP5	轴移动中　+5 轴	X19C	X4DC	MVM5	轴移动中　−5 轴
X195	X4D5	MVP6	轴移动中　+6 轴	X19D	X4DD	MVM6	轴移动中　−6 轴
X196	X4D6	MVP7	轴移动中　+7 轴	X19E	X4DE	MVM7	轴移动中　−7 轴
X197	X4D7	MVP8	轴移动中　+8 轴	X19F	X4DF	MVM8	轴移动中　−8 轴

学习领域

3

（续）

元件编号				元件编号			
系统 1	系统 2	简称	信 号 名 称	系统 1	系统 2	简称	信 号 名 称
X1A0	X4E0	ZP11	第 1 参考点到达　1 轴	X1A8	X4E8	ZP21	第 2 参考点到达　1 轴
X1A1	X4E1	ZP12	第 1 参考点到达　2 轴	X1A9	X4E9	ZP22	第 2 参考点到达　2 轴
X1A2	X4E2	ZP13	第 1 参考点到达　3 轴	X1AA	X4EA	ZP23	第 2 参考点到达　3 轴
X1A3	X4E3	ZP14	第 1 参考点到达　4 轴	X1AB	X4EB	ZP24	第 2 参考点到达　4 轴
X1A4	X4E4	ZP15	第 1 参考点到达　5 轴	X1AC	X4EC	ZP25	第 2 参考点到达　5 轴
X1A5	X4E5	ZP16	第 1 参考点到达　6 轴	X1AD	X4ED	ZP26	第 2 参考点到达　6 轴
X1A6	X4E6	ZP17	第 1 参考点到达　7 轴	X1AE	X4EE	ZP27	第 2 参考点到达　7 轴
X1A7	X4E7	ZP18	第 1 参考点到达　8 轴	X1AF	X4EF	ZP28	第 2 参考点到达　8 轴
X1B0	X4F0	ZP31	第 3 参考点到达　1 轴	X1B8	X4F8	ZP41	第 4 参考点到达　1 轴
X1B1	X4F1	ZP32	第 3 参考点到达　2 轴	X1B9	X4F9	ZP42	第 4 参考点到达　2 轴
X1B2	X4F2	ZP33	第 3 参考点到达　3 轴	X1BA	X4FA	ZP43	第 4 参考点到达　3 轴
X1B3	X4F3	ZP34	第 3 参考点到达　4 轴	X1BB	X4FB	ZP44	第 4 参考点到达　4 轴
X1B4	X4F4	ZP35	第 3 参考点到达　5 轴	X1BC	X4FC	ZP45	第 4 参考点到达　5 轴
X1B5	X4F5	ZP36	第 3 参考点到达　6 轴	X1BD	X4FD	ZP46	第 4 参考点到达　6 轴
X1B6	X4F6	ZP37	第 3 参考点到达　7 轴	X1BE	X4FE	ZP47	第 4 参考点到达　7 轴
X1B7	X4F7	ZP38	第 3 参考点到达　8 轴	X1BF	X4FF	ZP48	第 4 参考点到达　8 轴
X1C0	X500			X1C8	X508		—
X1C1	X501			X1C9	X509		—
X1C2	X502	SSE	搜索与启动　错误	X1CA	X50A		—
X1C3	X503		搜索与启动　搜索中	X1CB	X50B		—
X1C4	X504		断电要求（主轴回路异常）	X1CC	X50C		—
X1C5	X505			X1CD	X50D		—
X1C6	X506			X1CE	X50E		—
X1C7	X507			X1CF	X50F		—
X1D0	X510		—	X1D8	X518	NRF1	参考点附近第 1 轴
X1D1	X511		—	X1D9	X519	NRF2	参考点附近第 2 轴
X1D2	X512			X1DA	X51A	NRF3	参考点附近第 3 轴
X1D3	X513			X1DB	X51B	NRF4	参考点附近第 4 轴
X1D4	X514			X1DC	X51C	NRF5	参考点附近第 5 轴
X1D5	X515	3D2	速度检测？	X1DD	X51D	NRF6	参考点附近第 6 轴
X1D6	X516	MCSA	M 线圈选择中	X1DE	X51E	NRF7	参考点附近第 7 轴
X1D7	X517		分度定位完成	X1DF	X51F	NRF8	参考点附近第 8 轴
X1E0	X520	JO	JOG 模式中	X1E8	X528	MEMO	记忆模式中
X1E1	X521	HO	手轮模式中	X1E9	X529	TO	纸带模式中
X1E2	X522	SO	增量模式中	X1EA	X52A		—
X1E3	X523	PTPO	手动任意进给模式中	X1EB	X52B	DO	MDI 模式中
X1E4	X524	ZRNO	参考点返回模式中	X1ED	X52C		
X1E5	X525	ASTO	自动初始设定模式中	X1ED	X52D		DNC 运转中▲
X1E6	X526		JOG-手轮同时模式中	X1EE	X52E		
X1E7	X527			X1EF	X52F		
X1F0	X530	MA	控制装置准备完成	X1F8	X538	DEN	移动指令完成
X1F1	X531	SA	伺服准备就绪	X1F9	X539	TIMP	所有轴就位
X1F2	X532	OP	自动运转中	X1FA	X53A	TSMZ	所有轴平滑零
X1F3	X533	STL	自动运转启动中	X1FB	X53B		—
X1F4	X534	SPL	自动运转停止中	X1FC	X53C	CXFIN	手动任意进给完成
X1F5	X535	RST	复位中	X1FD	X53D		
X1F6	X536	CXN	手动任意进给中	X1FE	X53E		
X1F7	X537	RWD	倒带中	X1FF	X53F		高速模式中（G05）

表 3-23　CNC→PLC

元件编号		简称	信号名称	元件编号		简称	信号名称
系统1	系统2			第1主轴	第2主轴		
R0	—	AI1	模拟输入	R8	R208		主轴指令转速输入
R1	—	AI2	模拟输入	R9	R209		
R2	—	AI3	模拟输入	R10	R210		主轴指令最终数据(转速)
R3	—	AI4	模拟输入	R11	R211		
R4	—		—	R12	R212		主轴指令最终数据(12bit 二进制)
R5	—		—	R13	R213		
R6	—		—	R14	R214		
R7	—		—	R15	R215		
R16	—		KEY IN 1	R24	R224		M 代码数据 3
R17	—		FULL KEY IN	R25	R225		
R18	R218		主轴实际转速	R26	R226		M 代码数据 4
R19	R219			R27	R227		
R20	R220		M 代码数据 1	R28	R228		S 代码数据 1
R21	R221			R29	R229		
R22	R222		M 代码数据 2	R30	R230		S 代码数据 2
R23	R223			R31	R231		
R32	R232		S 代码数据 3	R40	R240		—
R33	R233			R41	R241		
R34	R234		S 代码数据 4	R42	R242		—
R35	R235			R43	R243		
R36	R236		T 代码数据 1	R44	R244		第 2 辅助功能数据 1
R37	R237			R45	R245		
R38	R238		—	R46	R246		
R39	R239			R47	R247		
R48	R248		—	R56	—		电池电压偏低原因
R49	R249			R57	—		温度上升错误原因
R50	R250		—	R58	—		5V/24V 异常原因
R51	R251			R59	R259		适应控制倍率输出▲
R52	R252		负载监控警告轴▲	R60	R260		CNC 完成待机状态输出
R53	R253		负载监控报警轴▲	R61	R261		
R54	R254		负载监控数据报警信息▲	R62	R262		初始设定中
R55	R255		寿命管理中组	R63	R263		初始设定未完成

学习领域

3

6) 输入输出信号接口。

① 数字信号输入电路有漏极型和源极型两种,如图 3-53 所示。

② 数字信号输出电路有漏极型(DX1□0)和源极型(DX1□1),如图 3-54 所示。

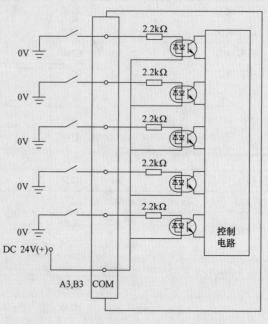

(机械侧)

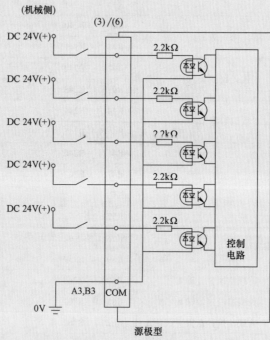

源极型

图 3-53　输入输出信号接口

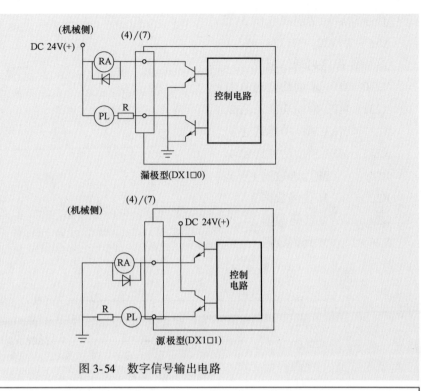

图 3-54　数字信号输出电路

⚠️ **注意**：1. 使用继电器等电感性负载时，应并联二极管（耐电压 100V 以上，100mA 以上）。

2. 使用指示灯等电容性负载时，应串联保护电阻（$R = 150\Omega$），以限制输入电流（确保输入电流小于包括瞬时电流在内的上述允许电流。)

7）三菱系统 CNC 与 PLC 信息控制实例

★**技能训练**：学习小组在组长组织下，查出加工中心 MV102A（数控系统：MITSUBISHI 三菱 M65S）手轮 X 轴有效时信息交换过程。

1）根据以上接口信息，查出加工中心 MV102A 手轮轴选择信息

模式：　MT→PLC　X73　X72　X71　X70

　　　（PLC→CNC）　　　Y209

　　　X、Y、Z 轴选择

　　　　MT→PLC　X6D→X X6E→Y、X6FD→Z

　　　PLC→CNC

	Y24A	Y249	Y248
X		0	1
Y		1	0
Z		1	1

气压检测 X1D

PLC→CNC 和 CNC→PLC 信号地址 与 FANUC 不同。

2）查出加工中心 MV102A（M65）手动切削液功能有效信息交换过程。

① 手动启动切削液（图 3-55）。

X5A→M1722→M1724→Y2

② M08 程序启动切削液。

X230   MF1 辅助功能选通 1

X231   MF2 辅助功能选通 2

X232   MF3 辅助功能选通 3

X233   MF4 辅助功能选通 4

R20   M 代码数据 1

R22   M 代码数据 2

R24   M 代码数据 3

R26   M 代码数据 4

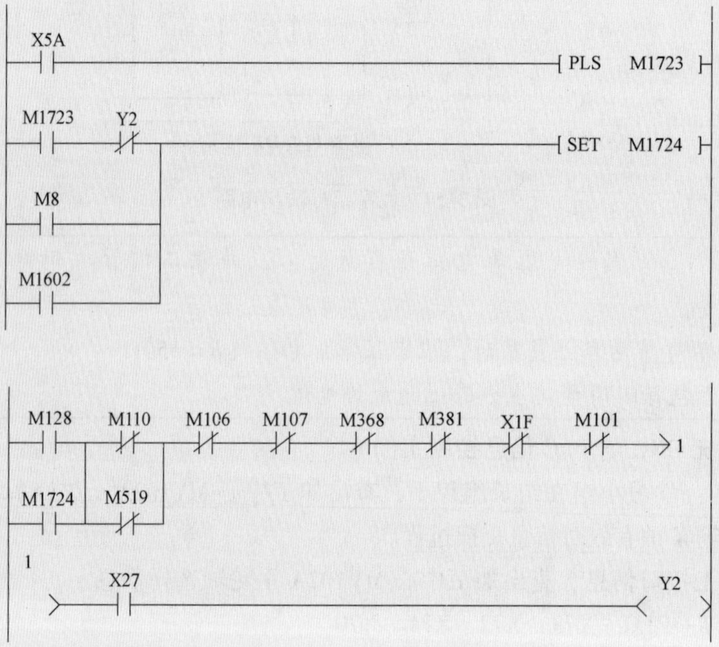

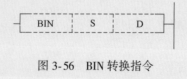

图 3-55　手动启动切削液

BIN 转换指令（图 3-56）：

图 3-56　BIN 转换指令

对通过 S 所指定装置的 BCD 数据（0~9999）进行 BIN 转换，再传送到通过 D 所指定的装置。

程序运行 M08→R20＝8→D0＝8→M8→M128→Y2（图 3-57）。

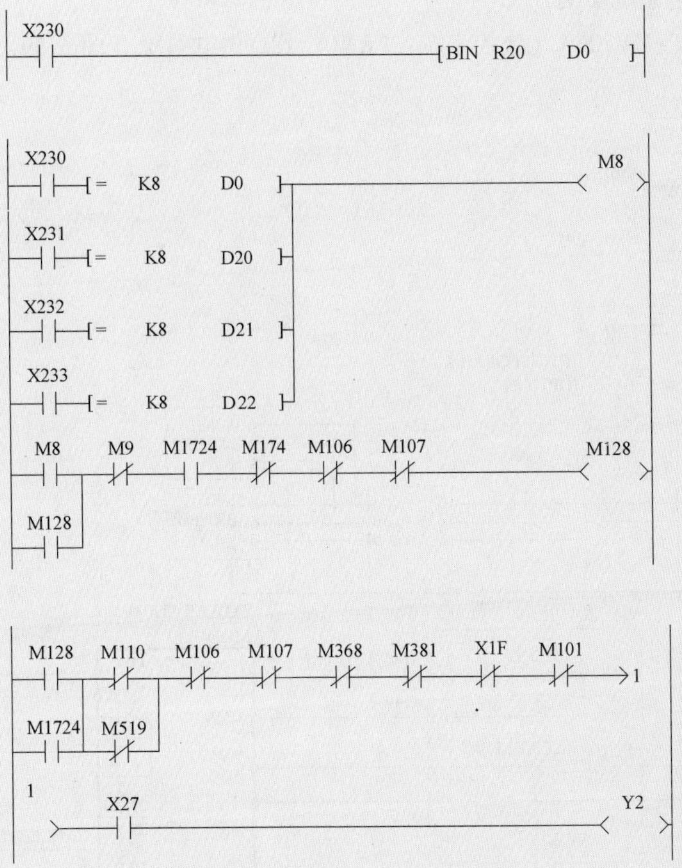

X230
BIN R20 D0
X230
= K8 D0
M8
X231
= K8 D20
X232
= K8 D21
X233
= K8 D22
M8 M9 M1724 M174 M106 M107
M128
M128
M128 M110 M106 M107 M368 M381 X1F M101
1
M1724 M519
1
X27
Y2

图 3-57　M08 程序启动切削液

1.6　数控机床配电箱供电系统

讨论：一个数控机床的电箱内包含什么电器元件或部件，所需电压如何，谁为其提供电源？

外部连接如图 3-58 所示。

L1 L2 L3 ～380V
工厂提供电源
稳压器
经稳压器送至机床电源
R S T

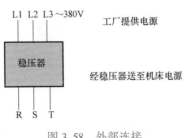

图 3-58　外部连接

稳压器的作用：外部电源浮动较大，经稳压器保持电压 380V。

★**技能训练**：学习小组在组长组织下读懂数控机床供电系统，并带领小组成员在数控机床电箱找出电源走向，指出各元部件的作用。

数控机床供电系统实例：

（1）加工中心 MV106A（数控系统：FANUC 18*i*) 供电系统（图 3-59）

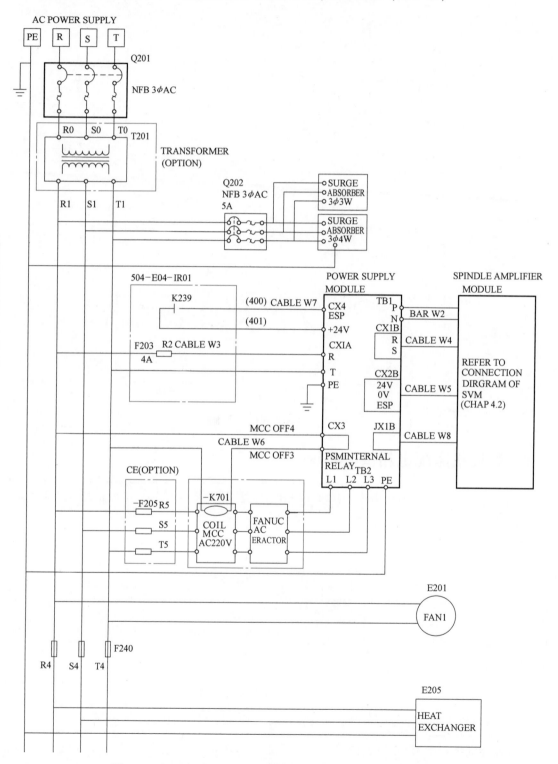

图 3-59　加工中心 MV106A（数控系统：FANUC 18*i*）供电系统

220V、110V、+24V 供电如图 3-60 所示。

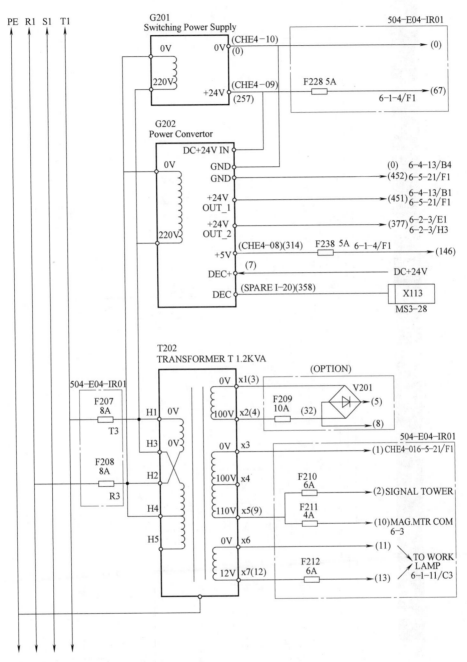

220V供电：伺服单元用电、辅助功能电动机用电
110V供电：报警灯
+24V供电：外部继电器，I/O单元输入、输出

图 3-60　220V、110V、+24V 供电

（2）数控车床 CNC350（数控系统：FANUC）

380V→主轴、冷却，380V→110V 交流接触器，如图 3-61 所示。

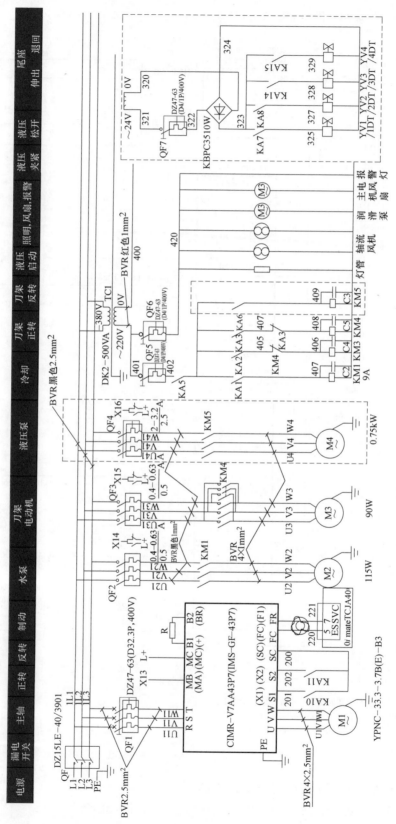

图 3-61　380V→主轴、冷却，380V→110V 交流接触器

★**技能训练**：学习小组在组长组织下弄清数控机床切削液不能起动故障，并带领小组成员维修。

1.7　通过输入输出信号判断故障举例

（1）数控机床切削液不能起动故障维修

维修程序 CPL（故障判断方法）：检查输入是否正常→检查输出是否正常→检查中间继电器是否正常→检查交流电磁接触器、电磁阀是否正常→检查执行元件（电动机）是否正常。

1）加工中心 MV106A 切削液不能起动故障维修。

① 按键输入：X23.0（图 3-62）。

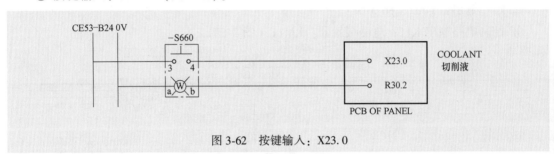

图 3-62　按键输入：X23.0

② PLC 输出：Y0.5；电路板输出：K208（图 3-63）。

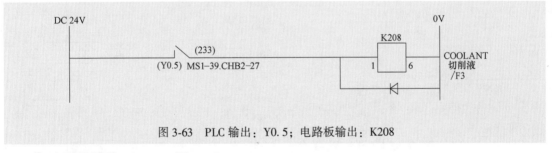

图 3-63　PLC 输出：Y0.5；电路板输出：K208

③ 电磁接触器：K708（图 3-64）。

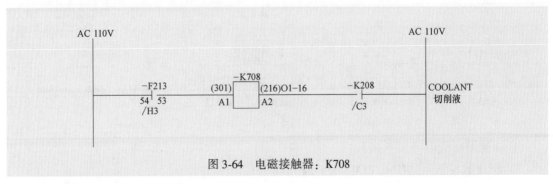

图 3-64　电磁接触器：K708

④ 切削液电动机（图 3-65）。

维修程序：检查 X23.0 是否动作→检查 Y0.5 是否动作→检查电中间继电器 K208 是否动作→检查交流电磁接触器 K708 是否动作→检查电动机是否断路或过载。

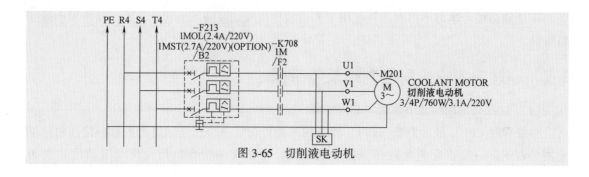

图 3-65　切削液电动机

2）加工中心 MV1020。

① 按键输入：X5A（图 3-66）。

② PLC 输出：Y002（图 3-67）。

③ 控制电路输出 K11；电磁接触器：KM11（图 3-68）。

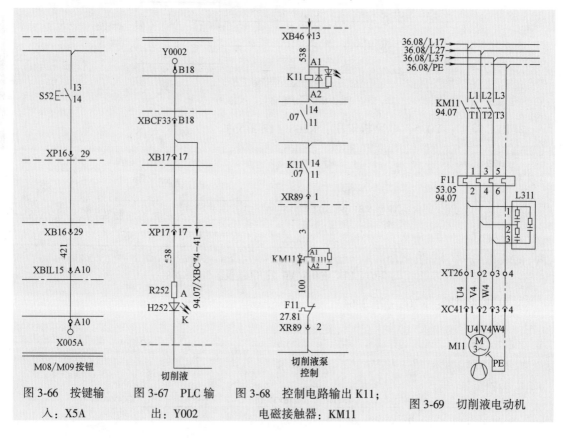

图 3-66　按键输　　图 3-67　PLC 输　　图 3-68　控制电路输出 K11；　　图 3-69　切削液电动机
　　　入：X5A　　　　　　出：Y002　　　　　电磁接触器：KM11

④ 切削液电动机（图 3-69）。

3）华亚数控铣床（HNC-21M、MV-5F）。

① 输入信号：X30.5。

② PLC 输出信号：Y0.5；中间继电器：F-K47（图 3-70）。

③ 电磁接触器：KM3（图 3-71）。

④ 切削液电动机（图 3-72）。

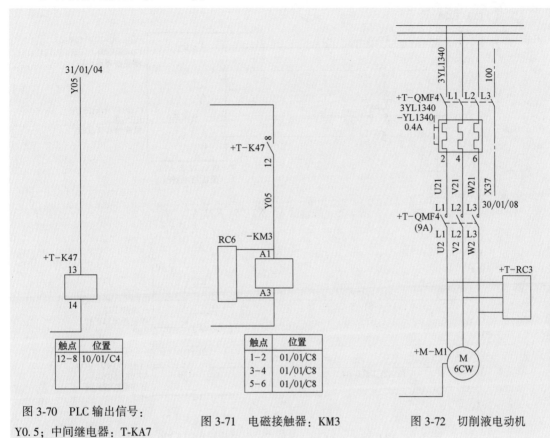

图 3-70　PLC 输出信号：
Y0.5；中间继电器：T-KA7

图 3-71　电磁接触器：KM3

图 3-72　切削液电动机

4）数控车床 CNC350

① 输入。

② 输出 PLC：Y8.0　中间继电器：KA1（图 3-73）。

③ 电磁接触器：KM1（图 3-74）。

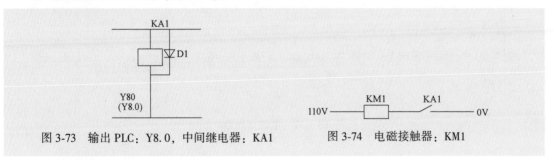

图 3-73　输出 PLC：Y8.0，中间继电器：KA1

图 3-74　电磁接触器：KM1

（2）卷屑器不能启动故障维修

1）永进加工中心 MV106A 卷屑器不能启动故障维修

① 按键输入：X21.5、X21.6（图 3-75）。

② PLC 输出：Y17.0、Y17.2；电路板输出：K226、K227（图 3-76）。

③ 电磁接触器（图 3-77）。

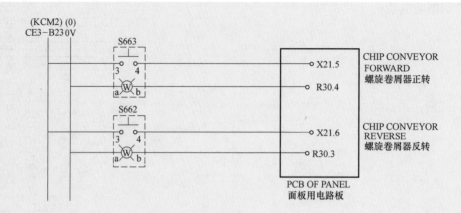

图 3-75　按键输入：X21.5、X21.6

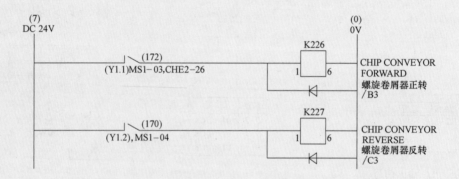

图 3-76　PLC 输出：Y17.0、Y17.2；电路板输出：K226、K227

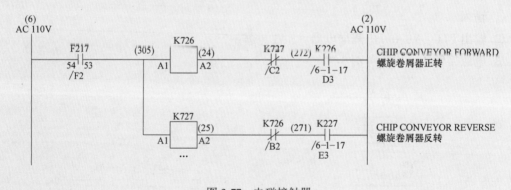

图 3-77　电磁接触器

④ 卷屑器电动机（图 3-78）。

2）加工中心 MV1020 卷屑器不能启动故障维修

① 按键输入：X007E、X007F（图 3-79）。

② PLC 输出：Y001A、Y001D（图 3-80）。

③ 电磁接触器（图 3-81）。

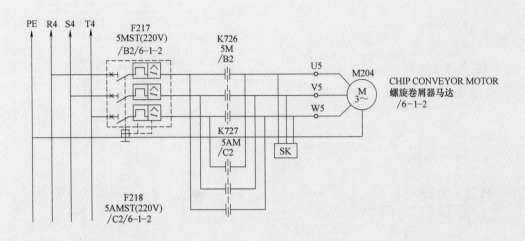

图 3-78 卷屑器电动机

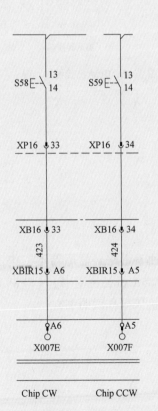

图 3-79 按键输入：X007E、X007F

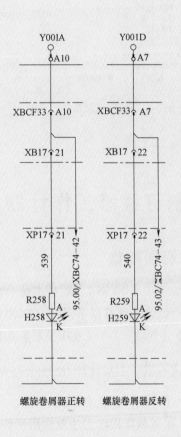

图 3-80 PLC 输出：Y001A、Y001D

④ 电动机接线（图 3-82）。

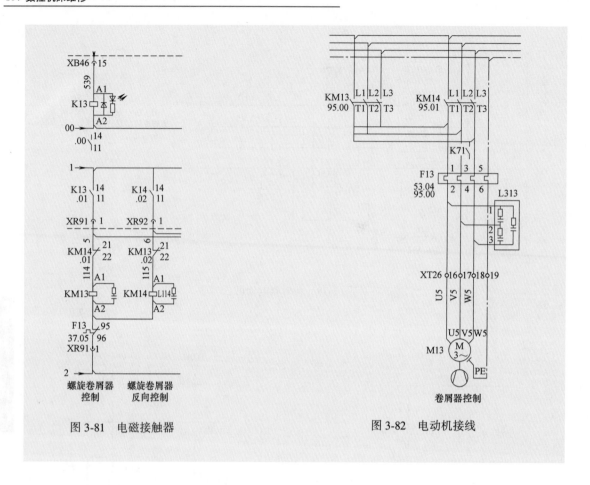

图 3-81　电磁接触器　　　　图 3-82　电动机接线

2　制订维修工作计划

2.1　资料收集

　　某加工中心 FV85A（数控系统：FANUC 18 i）切削液抽不上来、卷屑器不工作，对此故障进行维修必须有以下资料《FANUC 18i 系统手册》《FV85A 机械说明书》《FV85A 电气说明书》《气动资料》《液压资料》《电器元件功能资料》《机床操作说明书》。

2.2　整理、组织并记录信息

　　1）了解机床制造商情况。

　　2）了解机床操作方法及常用操作画面。

　　3）询问机床操作员正常时切削液、卷屑器的工作情况。

　　4）询问在什么情况下出现故障，机床操作员做了哪些处理（这点非常重要）。

　　5）弄清维修时需要哪些工具和加工中心 FV85A 使用什么电器元件，仓库有没备件？

　　6）写出维修电气安全操作规程。

2.3 维修工作计划

1）简述切削液按键输入 X 检测过程。

_____

_____

2）简述切削液 PLC 控制输出 Y 检测及电路板输出及中间继电器 K 的检测过程（固态继电器如图 3-83 所示，中间继电器如图 3-84 所示）。

图 3-83　固态继电器　　　　　　　　　图 3-84　中间继电器

_____

_____

_____

_____

3）简述切削液控制电磁接触器 K 的查找与检测过程（电磁接触器如图 3-85 所示，热继电器如图 3-86 所示）。

图 3-85　电磁接触器　　　　　　　　　图 3-86　热继电器

_____

_____

_____

_____

_____

4）简述切削液电动机检测过程。

_____

_____

_____

_____

_____

3　实施维修工作

1）简述到加工中心 FV85A（数控系统：FANUC 18 _i_）工作现场时所做的准备工作。

_____

_____

2）简述安全维修原则。

_____

_____

_____

_____

3）切削液、卷屑器按键输入 X 检测记录。

_____

_____

4）切削液、卷屑器 PLC 控制输出 Y 检测及电路板输出，及 K 中间继电器检测记录。

_____

_____

5）切削液、卷屑器控制电磁接触器 K 的查找与检测记录。

_____

_____

6）切削液、卷屑器电动机的检测记录。

_____

_____

_____

7）提出故障检查结论及维修具体方案。

_____

_____

_____

_____

_____

4　检查维修工作质量

1）学习小组互检维修后切削液、卷屑器工作是否正常和稳定。

_____

_____

_____

_____

2）检查维修后是否对机床各部分有损坏痕迹。

_____

_____

_____

3）检查维修后机床是否擦干净。

_____

_____

_____

4）检查是否向机床操作员讲解今后使用中的注意事项。

_____

_____

_____

_____

5）学习小组互评打分：_____

6）老师评价评分：_____

_____

_____

_____

_____

学习领域

3

5　工作总结

1) 总结维修过程有没有走弯路。

_____

_____

_____

_____

2) 针对切削液、卷屑器维修，明确自己在哪些方面的知识和技能还需要加强。

_____

_____

_____

_____

学习领域 4

与参数调整有关故障的维修

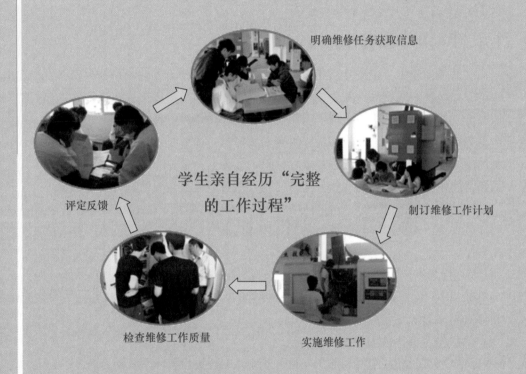

明确维修任务获取信息

制订维修工作计划

学生亲自经历"完整的工作过程"

评定反馈

检查维修工作质量

实施维修工作

工作任务：

　　数控车间主管把机床故障报到维修部：有一台加工中心 FV85A（数控系统：FANUC 18i）的加工尺寸出现误差 0.03mm，关机第二天再开机出现 APC 报警，显示参数丢失不能运行。维修部主管派你去维修。

1 信息收集

♣ 讨论：为什么一套数控系统可以安装在不同规格的数控铣床上，还可以安装在加工中心或数控车床上？

数控机床的机床参数是经过一系列试验和调整而获得的重要参数，是机床正常运行的保证，包括转速、加速度、轮廓监控及各种补偿值等。当机床长期闲置不用或受到外部干扰会使数据丢失或发生数据混乱，机床将不能正常工作。可调出机床参数进行检查、修改或传送。

1.1 FANUC 参数概述

在数控系统中，机床参数用于设定数控机床及辅助设备的规格和内容，以设定加工操作中的一些数据。在机床厂家制造机床、最终用户的使用过程中通过设定系统参数，实现对伺服驱动、加工条件、机床坐标、操作功能和数据传输等方面的设定和调整。

当系统在安装调试或使用过程中出现故障时，如果是系统故障，可以通过对系统控制原理的理解和系统报警号提示进行故障排除；如果是外围故障，可以通过分析 PMC 程序进行故障排除；如果是功能和性能方面的问题，则可以通过对参数进行调整来解决。

FANUC 数控系统中保存的数据类型丰富，PMC 参数、CNC 参数等存放在 SRAM 中，修改比较方便；而梯形图程序存放在 FLASH ROM 中，修改就比较复杂。有两种方法修改梯形图程序：

① 在线修改，系统必须支持在线编辑梯形图程序功能。

② 通过 CF 卡或 RS-232-C 接口把梯形图程序从机床里传出，利用 FANUC LADDER-III 软件修改。

（1）系统参数数据种类

1）按数据类型分类。FANUC 数控系统的参数按数据类型大致可分为位型和字型，具体见表 4-1。

表 4-1 FANUC 数控系统的参数按数据类型分类

数据类型	数据范围	备 注
位型 位轴型	0 或 1	
字节型 字节轴型	-128~127 0~255	根据不同参数，有的作无符号处理
字型 字轴型	-32768~32767 0~65535	根据不同参数，有的作无符号处理
2 字型 2 字轴型	-99999999~99999999	

如通道用参数：

No. 24　　字型　　　4

No. 101　　位型　　　01000100

2）按参数功能分类。按参数功能分类有 49 个类别，如：与设定有关的参数，与螺距误差补偿有关的参数，与主轴控制相关的参数等，具体如下：

① 有关 "SETTING" 的参数

② 有关阅读机/穿孔机接口的参数

a. 所有通道共用的参数

b. 有关通道 1 的参数（I/O=0）

c. 有关通道 1 的参数（I/O=1）

d. 有关通道 2 的参数（I/O=2）

③ 有关 POWER MATE 管理器的参数

④ 有关轴控制/设定单位的参数

⑤ 有关坐标系的参数

⑥ 有关存储式行程检测的参数

⑦ 有关进给速度的参数

⑧ 有关加减速控制的参数

⑨ 有关伺服的参数

⑩ 有关 DI/DO 的参数

⑪ 有关 MDI、显示和编辑的参数

⑫ 有关程序的参数

⑬ 有关螺距误差补偿的参数

⑭ 有关主轴控制的参数

⑮ 有关刀具补偿的参数

⑯ 有关固定循环的参数

a. 有关钻削固定循环的参数

b. 有关螺纹切削循环的参数

c. 有关多重固定循环的参数

d. 有关小孔钻削循环的参数

⑰ 有关刚性攻螺纹的参数

⑱ 有关缩放/坐标旋转的参数

⑲ 有关单一方向定位的参数

⑳ 有关极坐标插补的参数

㉑ 有关法线方向控制的参数

㉒ 有关分度盘的参数

㉓ 有关用户宏程序的参数

㉔ 有关图案数据输入的参数

㉕ 有关跳步功能的参数

㉖ 有关自动刀具补偿（T 系列）和自动刀具的参数

㉗ 有关外部数据输入/输出的参数

㉘ 有关图形显示的参数

㉙ 有关运行时间和加工零件数显示的参数

㉚ 有关刀具寿命管理的参数

㉛ 有关刀具位置开关功能的参数

㉜ 有关手动运行和自动运行的参数

㉝ 有关手动刀轮进给和手动插入的参数

㉞ 有关用挡块设定参考点的参数

㉟ 有关软操作面板的参数

㊱ 有关程序再起动的参数

㊲ 有关多边形加工的参数

㊳ 有关 PMC 轴控制的参数

㊴ 有关基本功能的参数

㊵ 有关简易同步控制的参数

㊶ 有关顺序号校对停止的参数

㊷ 其他参数

㊸ 有关维修的参数

（2）参数设定方法：

⚠ **安全提示**：（非专业技术人员不能随意设定修改参数，否则会引起安全事故）

MDI 模式→OFFSET　SETTING→参数写入=1→出现 100 报警，可写入参数

（3）18i 参数的意义

以下部分 18i 参数，了解各参数的意义，并在机床上找到相应设定值。

1) 3111

3111	#7	#6	#5	#4	#3	#2	#1	#0
	NPA	OPS	OPM			SVP	SPS	SVS

#0 SVS——是否显示用来显示伺服设定画面的软键。

    0：不予显示

    1：予以显示

#1 SPS——是否显示用来显示主轴设定画面的软键。

    0：不予显示

    1：予以显示

#2 SVP——主轴调整画面的主轴同步误差。

    0：显示出瞬时值

    1：显示峰值保持值

主轴同步误差显示在主轴同步控制中的成为从控轴的主轴一侧。

#5 OPM——是否进行操作监视显示。

    0：不予进行

    1：予以进行

#6 OPS——操作监视画面的速度表上。

    0：显示出主轴电动机速度

    1：显示出主轴速度

#7 NPA——是否在报警发生时以及操作信息输入时切换到报警/信息画面。

    0：予以切换

    1：不予切换

⚠ 注意：带有 MANUAL GUIDE i 的情况下，需要将参数 NPA（No. 3111#7）设定为 0（将参数 NPA（No. 3111#7）设定为 1 时，通电时会有警告消息显示）。

2) 3123 屏幕保护启动时间

3123	屏幕保护启动时间

[输入类型] 设定输入

[数据类型] 字节路径型

[数据单位] min

[数据范围] 0 ~ 127

如果在参数（No. 3123）中所设定的时间（分钟）内没有进行按键操作，则自动擦除 NC 画面，通过按下按键来重新显示 NC 画面。

⚠ 注意：1. 在本参数中设定 0 时，自动画面擦除将无效。

2. 不能手动画面擦除同时使用。在本参数中设定 1 以上的数值时，手动画面擦除将无效。

3）3202

3202	#7	#6	#5	#4	#3	#2	#1	#0
		PSR		NE9	OSR			NE8

［输入类型］　参数输入

［数据类型］　位路径型

0 NE8——是否禁止程序号 8000~8999 的程序编辑。

> 0：不禁止
>
> 1：禁止

将本参数设定为 1 时，就不再能够进行下列编辑操作：

① 程序的删除（即使执行删除所有程序的操作，也不会删除 8000~8999 号程序）。

② 程序的输出（即使执行输出所有程序的操作，也不会输出 8000~8999 号程序）。

③ 程序号检索。

④ 登录程序的编辑。

⑤ 程序的登录。

⑥ 程序的核对。

⑦ 程序的显示。

> ⚠ **注意**：下面的程序属于对象外。
>
> 1. 数据服务器上的程序。
>
> 2. 存储卡上的存储卡程序运行编辑程序。

3 OSR——程序号检索中，在未键入程序号就按下软键［0 检索］时。

> 0：检索下一个程序号（登录顺序）
>
> 1：使操作无效

4 NE9——是否进行程序号 9000~9999 的程序编辑。

> 0：不禁止
>
> 1：禁止

将本参数设定为"1"时，就不再能够进行下列编辑操作：

① 程序的删除（即使执行删除所有程序的操作，也不会删除 9000~9999 号程序）。

② 程序的输出（即使执行输出所有程序的操作，也不会输出 9000~9999 号程序）。

③ 程序号检索。

④ 登录程序的编辑。

⑤ 程序的登录。

⑥ 程序的核对。

⑦ 程序的显示。

> ⚠ **注意**：下面的程序属于对象外。
>
> 1. 数据服务器上的程序。
>
> 2. 存储卡上的存储卡程序运行编辑程序。

学习领域

4

#6 PSR——使受到保护的程序的程序号检索。

    0：无效

    1：有效

4）3208

3208	#7	#6	#5	#4	#3	#2	#1	#0
			PSC					SKY
								SKY

［输入类型］ 参数输入

［数据类型］ 位型

0 SKY——MDI 面板的功能键 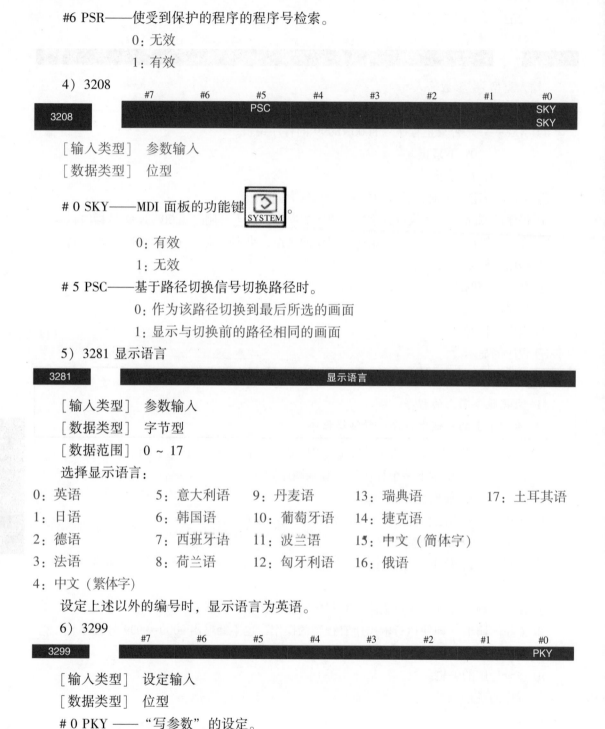 。

    0：有效

    1：无效

5 PSC——基于路径切换信号切换路径时。

    0：作为该路径切换到最后所选的画面

    1：显示与切换前的路径相同的画面

5）3281 显示语言

3281	显示语言

［输入类型］ 参数输入

［数据类型］ 字节型

［数据范围］ 0 ~ 17

选择显示语言：

0：英语	5：意大利语	9：丹麦语	13：瑞典语	17：土耳其语
1：日语	6：韩国语	10：葡萄牙语	14：捷克语	
2：德语	7：西班牙语	11：波兰语	15：中文（简体字）	
3：法语	8：荷兰语	12：匈牙利语	16：俄语	
4：中文（繁体字）				

设定上述以外的编号时，显示语言为英语。

6）3299

3299	#7	#6	#5	#4	#3	#2	#1	#0
								PKY

［输入类型］ 设定输入

［数据类型］ 位型

0 PKY ——"写参数"的设定。

    0：在设定画面上进行设定（设定参数 PWE（No. 8900#0））。

    1：通过存储器保护信号 KEYP<G046.0>进行设定。

7）1240 第 1 参考点在机械坐标系中的坐标值

1240	第 1 参考点在机械坐标系中的坐标值

⚠ **注意**：在设定完此参数后，需要暂时切断电源。

［输入类型］　参数输入

［数据类型］　实数轴型

［数据单位］　mm、in、(°)

［数据最小单位］　取决于该轴的设定单位。

［数据范围］　最小设定单位的 9 位数［见标准参数设定表（A）］（若是 IS-B，其范围为 -999999.999 ~ +999999.999）

此参数设定第 1 参考点在机械坐标系中的坐标值。

8）1241，1241，1243

1241	第 2 参考点在机械坐标系中的坐标值

1242	第 3 参考点在机械坐标系中的坐标值

1243	第 4 参考点在机械坐标系中的坐标值

9）1825

1825	每个轴的伺服环增益

1825　每个轴的伺服环增益

［输入类型］　参数输入

［数据类型］　字轴型

［数据单位］　0.01/sec

［数据范围］　1 ~ 9999

此参数为每个轴设定位置控制的环路增益。

若是进行直线和圆弧等插补（切削加工）的机械，要为所有轴设定相同的值。若是只要通过定位即可的机械，也可以为每个轴设定不同的值。为环路增益设定的值越大，其位置控制的响应就越快，而设定值过大，将会影响伺服系统的稳定性。

位置偏差量（积存在错误计数器中的脉冲）和进给速度的关系如下：

位置偏差量 = 进给速度/(60×环路增益)

单位：位置偏差量 mm、in 或 (°)

进给速度 mm/min、in/min 或 (°)/min

环路增益 1/s

10）1851　每个轴的反向间隙补偿量

1851	每个轴的反向间隙补偿量

［输入类型］　参数输入

［数据类型］　字轴型

［数据单位］　检测单位

［数据范围］　-9999 ~ 9999

此参数为每个轴设定反向间隙补偿量。

学习领域

4

通电后，当刀具沿着与参考点返回向相反的方向移动时，执行最初的反向间隙补偿。

11）1852　每个轴的快速移动时的反向间隙补偿量

1852	每个轴的快速移动时的反向间隙补偿量

［输入类型］　参数输入

［数据类型］　字轴型

［数据单位］　检测单位

［数据范围］　-9999 ~ 9999

此参数为每个轴设定快速移动时的反向间隙补偿量［参数 RBK（No.1800#4）＝"1"时有效］。

通过在切削进给或定位快速移动下改变反向间隙补偿量，即可进行精度更高的加工。

12）3701

3701	#7	#6	#5	#4	#3	#2	#1	#0
				SS2			ISI	

［输入类型］　参数输入

［数据类型］　位路径型

> ⚠ **注意**：在设定完此参数后，需要暂时切断电源。

#1　ISI

#4　SS2——设定路径内的主轴数。

SS2	ISI	路径内的主轴数
0	1	0
1	1	0
0	0	1
1	0	2

> ⚠ **注意**：本参数在主轴串行输出有效的情况下［参数 SSN（No.8133#5）＝"0"］有效。

13）1815

1815	#7	#6	#5	#4	#3	#2	#1	#0
		RONx	APCx	APZx	DCRx	DCLx	OPTx	RVSx

［输入类型］　参数输入

［数据类型］　位轴型

> ⚠ **注意**：在设定完此参数后，需要暂时切断电源。

#0 RVSx——使用没有转速数据的直线尺的旋转轴 B 类型，可动范围在一圈以上的情况下，是否通过 CNC 来保存转速数据。

　　　　　　0：不予保存

　　　　　　1：予以保存

⚠ **注意**：1. 旋转轴 B 类型，可动范围在一圈以上的情况下，建议用户使用具有转速数据的直线尺。

2. 此参数只有在使用带有绝对位置检测（ABS 脉冲编码器）或者带有绝对地址原点的直线尺（串行）的旋转轴 B 类型的轴上有效。无法在带有绝对地址参考标记的直线尺（A/B 相）上使用。

3. 使本参数有效时，保存电源切断之前的机械坐标。下次通电时，从电源切断之前的机械坐标求出坐标，所以电源切断期间轴移动 180° 以上的情况下，坐标值有时会错开一圈以上。

4. 改变此参数时，机械位置和绝对位置检测器之间的对应关系将会丢失。参数 APZ（No.1815#4）等于"0"，发生报警（DS0300）。作为参数 APZ（No.1815#4）等于"0"的原因，显示在诊断显示 No.310#0 中。

5. 有关绝对坐标，基于机械坐标予以设定。但是，在切断电源之前所指令的 G92 和 G52 等工件偏置，则不予设定。

6. 不能与进行直线尺数据变换的参数 SCRx（No.1817#3）等于"1"同时使用。

7. 旋转轴的一周为 0°~360° 的情况下，在参数（No.1869）中设定 0。此外，由于将 0° 作为参考点，所以在参数（No.1240）中设定 0。

8. 旋转轴的一周不在 0°~360° 范围内的情况下，在参数（No.1869）中设定每转的移动量。此外，由于将 0° 作为参考点，所以在参数（No.1240）中设定 0。

1 OPTx——作为位置检测器。

　　　　　0：不使用分离式脉冲编码器

　　　　　1：使用分离式脉冲编码器

⚠ **注意**：使用带有参考标记的直线尺或者带有绝对地址原点的直线尺（全闭环系统）时，将参数值设定为"1"。

2 DCLx——作为分离式位置检测器，是否使用带有参考标记的直线尺或者带有绝对地址原点的直线尺。

　　　　　0：不使用

　　　　　1：使用

3 DCRx——作为带有绝对地址参考标记的直线尺。

　　　　　0：不使用带有绝对地址参考标记的旋转式编码器

　　　　　1：使用带有绝对地址参考标记的旋转式编码器

⚠ **注意**：在使用带有绝对地址参考标记的旋转式编码器时，将参数 DCLx（No.1815#2）也设定为"1"。

4 APZx——作为位置检测器使用绝对位置检测器时，机械位置与绝对位置检测器之间的位置对应关系。

　　　　　0：尚未建立

1：已经建立

使用绝对位置检测器时，在进行第 1 次调节时或更换绝对位置检测器时，必须将其设定为 "0"，再次通电后，通过执行手动返回参考点等操作进行绝对位置检测器的原点设定。由此，完成机械位置与绝对位置检测器之间的位置对应，此参数即被自动设定为 "1"。

#5 APCx——位置检测器为：

0：绝对位置检测器以外的检测器

1：绝对位置检测器（绝对脉冲编码器）

#6 RONx——在旋转轴 A 类型中，是否使用没有转速数据的直线尺绝对位置检测。

0：不使用

1：使用

> ⚠ **注意**：1. 该参数只对使用绝对位置检测（ABS 脉冲编码器）的旋转轴 A 类型的轴有效。无法在带有绝对地址原点的直线尺（串行）以及带有绝对地址参考标记的直线尺（A/B 相）上使用。
>
> 2. 在使用没有转速数据的直线尺的旋转轴 A 类型的轴中，务必设定此参数。
>
> 3. 在使用具有转速数据的直线尺的旋转轴 A 类型的轴中，请勿设定此参数。
>
> 4. 改变此参数时，机械位置和绝对位置检测器之间的对应关系将会丢失。参数 APZ（No. 1815#4）等于 "0"，发生报警（DS0300）。作为参数 APZ（No. 1815#4）等于 "0" 的要因，显示在诊断显示 No. 0310#0 中。

★**技能训练**：学习小组在组长组织下，查阅 FANUC 18i 各参数的意义，并在加工中心 MV106A（数控系统：FANUC 18i）上找到相关参数，讨论参数设定值。

★**技能训练**：查看机床参考点设定相关参数。

> ⚠ **安全提示**：非专业技术人员不能随意设定修改参数，否则会引起安全事故。

（4）绝对值零点建立

1）检查建立环境

① No. 1240 设定：第一参考点在机械坐标系中的坐标值（回零操作时，轴回到零点时，此位置机械坐标值；No. 1240 = 0，第一参考点即机床原点；No. 1240 = 600，第一参考点离机床原点 600 位置，通过 No. 1240 设定，可把第一参考点移到任何需要的位置。G28 回第一参考点）。

② No. 1241 设定：第二参考点在机械坐标系中的坐标值。如换刀点，G30 回第二参考点（换刀点）。

③ No. 1005#1 = 1 无挡块参考点设定功能有效（无挡块回零）。

No. 1005#1 = 0 无挡块参考点设定功能无效（有挡块回零）。

④ No. 1006#5 = 1 正方向回零。

No. 1006#5 = 0 负方向回零。

⑤ No. 1320 各轴的存储行程限位 1 的正方向坐标值（软限位 1）。

No. 1321 各轴的存储行程限位 1 的负方向坐标值（软限位 1）。

2）绝对值无挡块参考点设定方法

① 设定 No. 1815#5 = 1 绝对位置编码器。

② 重新设定参考点时设 No. 1815#4 = 0 关机再开机。坐标丢失时 No. 1815#4 = 0。用工量具找正的方法，手动移动轴到要指定的参考点位置，并将回零后第一参考点在机械坐标系中的坐标值设到 No. 1240（如 0，回零后显示 0），再设定 No. 1815#4 = 1。关机再开机。

（5）相对值零点建立

1）检查建立环境

① No. 1240 设定：第一参考点在机械坐标系中的坐标值（回零操作时，轴回到零点时，此位置机械坐标值；No. 1240 = 0，第一参考点即机床原点；No. 1240 = 600，第一参考点离机床原点 600 位置，通过 No. 1240 设定，可把第一参考点移到任何需要的位置。G28 回第一参考点）。

② No. 1241 设定：第二参考点在机械坐标系中的坐标值。如换刀点，G30 回第二参考点（换刀点）

③ No. 1005#1 = 1 无挡块参考点设定功能有效（无挡块回零）。

No. 1005#1 = 0 无挡块参考点设定功能无效（有挡块回零）。

④ No. 1006#5 = 0 正方向回零。

No. 1006#5 = 0 负方向回零。

⑤ No. 1320 各轴的存储行程限位 1 的正方向坐标值（软限位 1）。

No. 1321 各轴的存储行程限位 1 的负方向坐标值（软限位 1）。

2）相对值有挡块参考点设定方法

① 设定 No. 1815#5 = 0 绝对位置编码器以外的检测器。

② 回零操作。

（6）反向间隙补偿

当机械误差不大，可以通过反向间隙补偿参数调整来提高加工精度。先用指示表（百分表或千分表）测量出各轴背向间隙值，在参数表中补偿和测试。

1）反向间隙补偿原理。反向间隙补偿又称为齿隙补偿。机械传动链在改变转向时，由于反向间隙的存在，会引起伺服电动机空转，而无工作台的实际运动，称为失动。

反向间隙补偿原理是在无补偿的条件下，在轴线测量行程内将测量行程等分为若干段，测量出各目标位置的平均反向差值-A，作为机床补偿参数输入系统。CNC 系统在控制坐标轴方向运动时，自动先让该坐标方向运动-A 值，然后按指令进行运动。

在半闭环系统中，系统接收的实际值来自于电动机编码器，轴在反向运动时的指令值和实际值之间会相差一个反向间隙值，这个值就是反向间隙误差值。在全闭环系统中，系统接收的实际值来自于光栅尺，实际值中已包含反向间隙，故不存在反向间隙误差。

反向间隙补偿在坐标轴处于任何方式时均有效。当系统进行双向螺距补偿时，双向螺距补偿的值已包含反向间隙，此时不需要设置反向间隙补偿。

反向间隙误差测量的方法

① 使运动部件从停留位置向负方向快速移动 100mm。

② 把指示表触头对准运动部件的正侧方，并使表针回零。

③ 使运动部件从停留位置再向负方向快速移动 100mm。

④ 使运动部件从新的停留位置再向正快速移动 100mm。

⑤ 读出此时指示表的值，此值叫作反向间隙误差，包括了传动链中的总间隙，反映了其传动系统的精度。

2）方向间隙误差补偿方法。FANUC 系统将测量所得的反向间隙误差转换成补偿量，补偿量在 $1 \sim \pm 9999 \mu m$ 的范围内，针对每个轴，以检测单位为单位在参数中设定补偿量，如图 4-1 所示测量值 A。参考点建立之后，才开始进行切削进给反向间隙补偿。

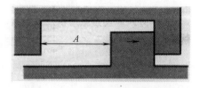

图 4-1 方向间隙误差补偿方法

G0 反向间隙补偿　1851　X　Y　Z

G1 反向间隙补偿　1852　X　Y　Z

1.2 用存储卡对 FANUC 系统参数备份和恢复的使用

数控机床参数丢失，数控机床就不能正常工作，新机床的参数备份非常重要。

（1）关闭系统 插存储卡（图 4-2）

图 4-2 关闭系统 插存储卡

（2）起动引导系统方法及画面（图 4-3）。

图 4-3 起动引导系统画面

（3）注意事项

初次使用 CF 卡要先格式化；取出或安装 CF 卡时要先关闭控制器电源避免 CF 卡损坏；不要在格式化或数据存取的过程中关闭控制器电源避免 CF 卡损坏。

（4）系统参数

被分在两个区存储。F-ROM 中存放系统软件和机床厂家编写 PMC 程序以及 P-CODE 程序。SRAM 中存放的是参数、加工程序、宏变量等数据。通过进入 BOOT 画面可以对这两个区的数据进行操作（按住以上两个键后同时接通 CNC 电源，引导系统起动后，开始显示

"MAIN　MENU 页面"（图 4-4），下面对此画面及操作进行说明：

1. SYSTEM　DATA　LOADING：
把系统文件、用户文件从存储卡
写入到数控系统的快闪存储器中。

2. SYSTEM　DATA　CHECK：
显示数控系统快闪存储器上存储
的文件一览表，以及各文件 128KB 的
管理单位数和软件的系列，确认 ROM
版号。

3. SYSTEM　DATA　DELETE：
删除数控系统快闪存储器上存储
的文件。

4. SYSTEM　DATA　SAVE：
对数控系统 F-ROM 中存放的用户

```
SYSTEM MONITOR MAIN MENU          60M4 - 01


  1. SYSTEM DATA LOADING
  2. SYSTEM DATA CHECK
  3. SYSTEM DATA DELETE
  4. SYSTEM DATA SAVE
  5. SRAM DATA BACKUP
  6. MEMORY CARD FILE DELETE
  7. MEMORY CARD FORMAT


 10. END
 *** MESSAGE ***
 SELECT MENU AND HIT SELECT KEY


 [ SELECT ][ YES ][ NO ][ UP ][ DOWN ]
```

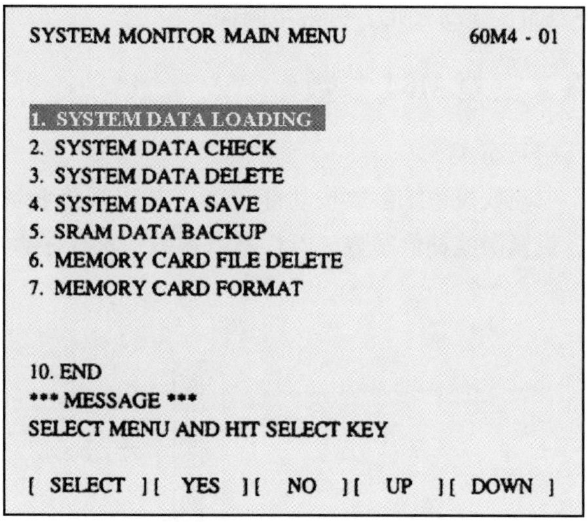

图 4-4　MAIN MENU 页面

文件，系统软件和机床厂家编写 PMC 程序以及 P-CODE 程序写到存储卡中。

5. SRAM　DATA　BACKUP（图 4-5）：

对数控系统 SRAM 中存放的 CNC 参数、PMC 参数、螺距误差补偿量、加工程序、刀具
补偿量、用户宏变量、宏 P-CODE 变量、SRAM 变量参数全部下载到存储卡中，作备份用或
复原到存储器中。

> ⚠ **注意**：使用绝对编码器的系统，若要把参数等数据从存储卡恢复到系统 SRAM 中
> 去，要把 1815 号参数的第 4 位设为 0，并且重新设置参考点。

备份：SRAM BACKUP ［ CNC→MEMORY CARD ］；恢复：RESTOR SRAM ［ MEMORY
CARD→CNC ］。

6. MEMORY　CARD　FILE　DELETE：
删除存储卡上存储的文件。

7. MEMORY　CARD　FORMAT：
可以进行存储卡的格式化。存储卡第一次
使用时或电池没电了，存储卡的内容被破坏时，
需要进行格式化。

10. END：结束引导系统 BOOT　SYSTEM，
起动 CNC。

SELECT　MENU　AND　HIT　SELECT
KEY：显示简单的操作方法和错误信息。

〔SELECT〕〔YES〕〔NO〕〔UP〕〔DOWN〕
操作方法：用软键 UP DOWN 进行选择处

```
SRAM DATA BACKUP
[BOARD: MAIN]

  1. SRAM BACKUP (CNC-->MEMORY CARD)
  2. RESTORE SRAM (MEMORY CARD->CNC)ND


SRAM SIZE : 0.5MB
FILE NAME :


*** MESSAGE ***
SELECT MENU AND HIT SELECT KEY


[ SELECT ][ YES ][ NO ][ UP ][ DOWN ]
```

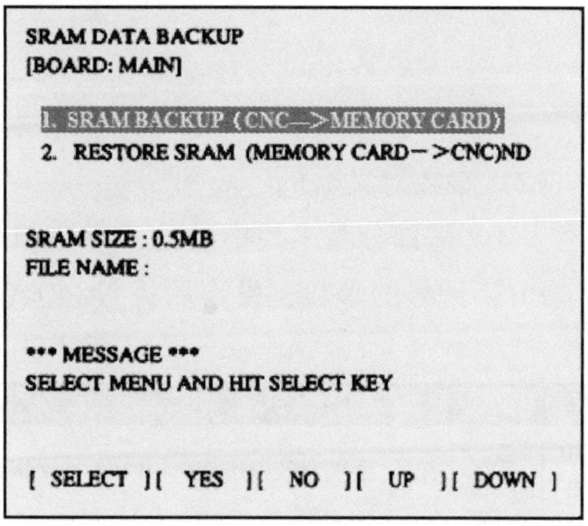

图 4-5　SRAM DATA BACKUP 页面

理。把光标移到要选择的功能上，按软键 SELECT，英文显示请确认？之后按软键 YES 或

NO 进行确认。正常结束时英文显示请按 SELECT 键。最终选择 END 结束引导系统 BOOT SYSTEM，起动 CNC，进入主画面。

1.3 三菱 M64 参数

（1）分类

三菱数控系统参数按功能分为：基本规格参数、轴规格参数、伺服参数、主轴基本参数、机械误差补偿参数、PLC 常数参数、宏程序参数等（图 4-6）。

图 4-6 三菱数控系统参数

（2）参数意义举例

表 4-2 是部分基本规格参数，对比 MV1060 机床参数设定值，分析各参数意义。表中带有 "PR" 记号的参数，设定后将 NC 电源关闭，电源再次接通后才有效。

表 4-2 部分基本规格参数

#		项目	内容	设定范围（单位）
1001 （PR）	SYS_ON	系统有效设定	用 1 或 0 来指定第 1 系统、第 2 系统和 PLC 轴的有无	0：无 1：有
1002 （PR）	axisno	控制轴数	设定各系统内的轴数以及和 PLC 轴的轴数 指定 6 为 NC 系统的最大值，4 为 PLC 轴的最大值，且这些值总计不超过 10	0~6
1003 （PR）	iunit	输入设定单位	设定每个系统和 PLC 轴的输入设定单位 参数单位遵循此指定	B：1μm C：0.1μm

（续）

#		项目	内容	设定范围（单位）
1013	axuame	轴名称	用英文字母指定各轴的名称地址 可用的字母有 X,Y,Z,U,V,W,A,B,C 在同一系统内不能指定相同的地址 在第1、第2系统可以分别指定相同地址 PLC 轴不需设定（轴名用1和2表示）	轴地址如 X,Y,Z,U,V,W,A,B,C 等
1014	incax	增量指令轴名称	当用地址指定程序的移动速率为绝对或增量方式时，用英文字母指定增量指令轴名称地址 本地址可使用的英文字母与#1013axname 相同。不能指定与#1013axname 相同的地址。如果不通过地址进行绝对/增量指令（#1076AbsInc＝0），则不需设定本参数	
1015 （PR）	cunit	指令单位	设定程序移动量的最小单位 cunit：移动指令1的移动量 10：0.001mm（1μm） 100：0.01mm（10μm） 1000：0.1mm（100μm） 10000：1.0mm 若在移动指令中有小数点，则不受该指令影响，小数点的位置即被作为 1mm 处理	10　1μm 100　10μm 1000　100μm 10000　1mm
1016 （PR）	iout	英制输出	设定机械系统（滚珠丝杠螺距，位置检测单位）是英制系统或是公制系统	0：米制单位系统 1：英制单位系统
1017 （PR）	rot	旋转轴	指定旋转轴或直线轴 　当指定为旋转轴时，位置显示用 360°表示，且此轴将回到0° 　即使是旋转轴，如果位置显示呈现连续性，可作为直线轴来设定	0：直线轴 1：旋转轴
1018 （PR）	ccw	电动机旋转方向	指定电动机旋转方向与指定方向的关系 0：顺时针方向旋转为正方向指令（从电动机轴端看） 1：逆时针方向旋转为正方向指令（从电动机轴端看）	0：顺时针旋转 1：逆时针旋转
1019 （PR）	dia	直径指定轴	用直径尺寸或移动量指定程序的移动量 　用直径尺寸指定时，如指定移动距离为 10mm，则实际移动距离为 5mm 　用手动脉冲进给时，每1个脉冲的移动量也减半 　与长度有关的参数中，用直径尺寸指定时，刀具长、磨损补偿量和工件坐标补偿量为直径值，但其他的参数均为半径值	0：用移动量指定 1：用直径尺寸指定
1020 （PR）	sp_ax	主轴插补	以 NC 控制轴为主轴时，设定为"1"	0：NC 控制轴为伺服轴 1：NC 控制轴为主轴
1021 （PR）	mcp_no	驱动器接口通道号码（伺服）	连接轴驱动器时接口通道口号码和该通道为第几轴以4位数设定 前2位：驱动器接口通道号码 后2位：轴号 执行以往的固定配置时，全部的轴设定为"0000"	0000 0101～0107 0201～0207
1022 （PR）	axname2	第2轴名称	用2个字符设定画面的轴名称（X1,Z2 等）	A～Z 及1～9　2位数 （输入0，清除）
1023 （PR）	crsadr	混合加工时指令地址	设定混合加工控制时的指令地址	A～Z （输入0，清除）
1024 （PR）	crsinc	混合加工时增量指令地址	设定混合加工控制时的增量指令地址	A～Z （输入0，清除）

学习领域

4

★**技能训练**：当机械误差不大，可以通过反向间隙补偿参数调整来提高加工精度。先用指示表测出各轴背向间隙值，在参数表中补偿和测试。

G0 反向间隙补偿　　2011　X　Y　Z

G1 反向向间隙补偿　2012　X　Y　Z

（3）参数设定（图4-7）

TOOL PARAM→SETUP→Y→BASE

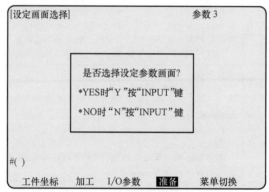

图 4-7　参数设定

1.4　三菱 M65S 系统参数保存和恢复

三菱 M65S 系统参数保存和恢复如图4-8和图4-9所示。

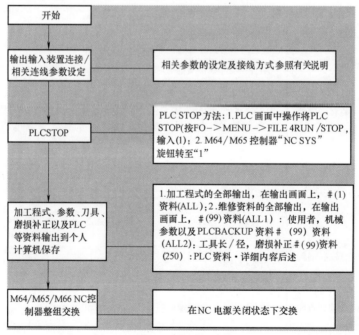

图 4-8　参数保存

★**技能训练**：学习小组在组长组织下，对加工中心 MV102A（数控系统：MITSUBISHI 三菱 M65S）、加工中心 MV106A（数控系统：FANUC 18i）的参数进行备份。

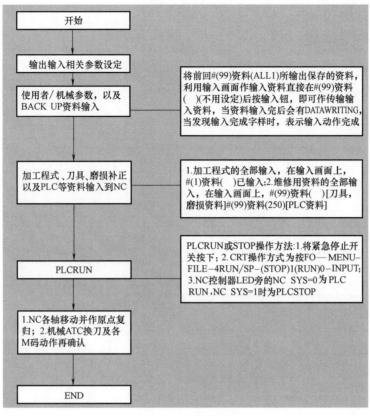

图 4-9　参数恢复

2　制订维修工作计划

2.1　资料收集

加工中心 FV85A（数控系统：FANUC 18i）加工尺寸有误差，关机后第二天再开机显示参数丢失不能运行。对此故障进行维修必须有以下资料：《FANUC 18i 系统手册》《FANUC 18i 参数手册》《机床操作说明书》《数控机床参数表》《数控系统操作手册》《数控系统安装与维修手册》《制造商参数备份》。

2.2　整理、组织并记录信息

1）了解机床制造商情况。

2）了解机床操作方法以及常用操作画面。

3）询问机床操作员出现了什么样的加工误差。

4）询问在什么情况下出现故障，机床操作员做了哪些处理（这点非常重要）。

5）弄清维修时需要什么工具，以及加工中心 FV85A 是否有原始数据备份，或是否从厂家找到备份。

6）写出防止因操作失误而损坏机床的注意事项。

2.3 维修工作计划

1）对数控机床 DNC 参数设定、传输软件进行设定。

_____

_____

_____

_____

_____

_____

2）列出恢复参数的正确操作步骤（从 FANUC 18 i 系统手册中查出）。

_____

_____

_____

_____

_____

_____

_____

_____

_____

3）找出轴反向背隙补偿参数，写出调整方法。

_____

_____

_____

_____

4）写出精度验收 CNC 程序。

_____

_____

_____

_____

_____

_____

3 实施维修工作

1）简述到加工中心 FV85A（数控系统：FANUC 18 i）工作现场时所做的准备工作。

_____

_____

_____

2）简述安全维修原则。

_____

_____

_____

_____

3）恢复加工中心 FV85A 参数，写出恢复参数过程中出现的问题，如何解决此问题，以及操作中得出的经验。

_____

_____

_____

_____

_____

_____

_____

_____

学习领域

4

4）进行轴反向间隙补偿调整，写出调整经验。

_____

_____

_____

_____

5）用 CNC 程序检测精度，若精度没提高则分析原因。

_____

_____

_____

_____

_____

4 检查维修工作质量

1）学习小组互检恢复参数后机床工作是否正常和稳定。

_____

_____

_____

_____

2）检查维修后是否对机床各部分有损坏痕迹。

_____

_____

3）检查维修后机床是否擦干净。

_____

_____

_____

4）检查是否向机床操作员讲解今后使用中的注意事项。

_____

_____

5）学习小组互评打分_____

6）老师评价评分_____

_____

_____

_____

5 工作总结

1）简述参数调整应注意的事项。

_____

_____

_____

_____

2）针对恢复参数明确自己在哪些方面的知识和技能还需要加强。

_____

_____

_____

_____

_____

3）总结出今后工作中经常要用到的参数，并记录到工作本上。

_____

_____

_____

_____

学习领域

4

学习领域 5

与伺服有关故障的维修

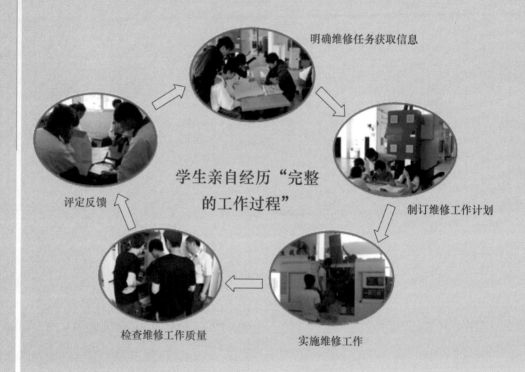

明确维修任务获取信息

制订维修工作计划

实施维修工作

检查维修工作质量

评定反馈

学生亲自经历"完整的工作过程"

工作任务：

数控车间主管把机床故障报到维修部：有一台加工中心 FV85A（数控系统：FANUC 18i）出现报警信息：430 Y AXIS SV. MOTOR OVERHEAT。维修部主管派你去维修。

1 信息收集

⚙ 讨论：从数控 CNC→伺服电动机是如何实现控制的？

1.1 FANUC 伺服故障

（1）FANUC 伺服及主轴控制

1）进给伺服轴控制。机床工作台（包括回转台）的进给是用伺服电动机驱动的，而且多数都是用同步电动机。电动机与滚珠丝杠直接连接，由于传动链短，运动损失小，且反应迅速，因此可获得高精度。

机床的进给伺服属于位置控制伺服系统。如图 5-1 所示，输入端接收的是来自 CNC 插补器、在每个插补周期内串行输出的位置脉冲。脉冲数表示位置的移动量（通常是一个脉冲为 1μm）；脉冲的频率（即在单位时间内输出的脉冲数的多少）表示进给的速度；脉冲的符号表示轴的进给方向，通常是将脉冲直接送往不同的伺服指令输入口。

图 5-1 只画出了一个进给轴，实际的机床有多个轴，但是控制原理都是一样的。几个轴在同一插补周期接收到插补指令时，由于在同一时间内的进给量不同，进给速度不同，运动方向不同，其合成的运动就是曲线，刀具依此曲线轨迹运动即可加工出程序所要求的工件轮廓曲线。

对进给伺服的要求是：伺服刚性好，响应速度快，稳定性好，分辨率高。这样才能高速、高精度地加工出高质量的工件。

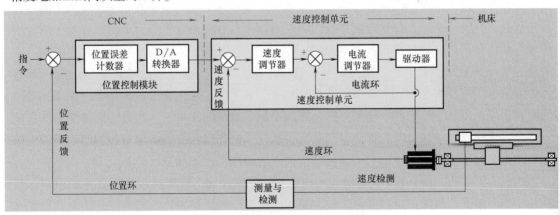

图 5-1　位置控制系统的结构框图

2）伺服系统的结构类型。伺服系统分为开环和闭环两种结构。

① 开环数控系统。所谓开环，就是没有位置反馈的伺服系统。这种结构的电气系统都用步进电动机驱动，如图 5-2 所示。由于没有速度和位置的反馈，所以跟随精度差，响应性差，因此加工精度差，效率低。

另外，由于步进电动机本身的结构原因：速度不高，控制性不好，易丢失控制脉冲，响应性差，效率低等，不适于 CNC 机床工作台的驱动控制。

② 半闭环数控系统。闭环是有被控元件的位置反馈的伺服系统。系统的构成包括：执

5
学习领域

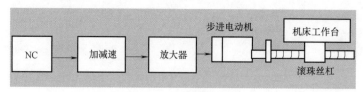

图 5-2　开环数控系统

行元件——伺服电动机（一般与滚珠丝杠直接连接）；速度控制器和位置控制器，位置控制器接收 CNC 插补器的输出指令（图 5-3）。根据使用的位置反馈元件的种类：回转式还是直线式；位置反馈元件的机械安装部位，闭环系统从机械使用角度又可分为半闭环、闭环和混合式闭环。

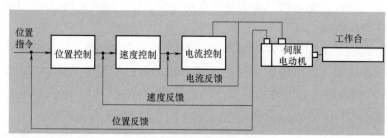

图 5-3　半闭环数控系统原理

半闭环系统：在移动部件的驱动伺服电动机上安装角位移，检测反馈元件，精度较好。

半闭环这种结构，使用回转运动的脉冲编码器（光码盘），并将其安装于电动机轴上或滚珠丝杠上（远离电动机轴的一端）。因此，编码器只能随着电动机的回转，测量电动机轴或滚珠丝杠转过的角度。但是，工作台是带动工件作直线运动的，位置检测器应该实测其直线移动量，并将其反馈至位置控制器。因为编码器不是直接测量工作台的直线移动，需经滚珠丝杠和螺母将丝杠的转角转换为直线位移，属于被控元件（这里是直线运动的工作台）的被控量（这里是位置量）的间接测量，就称之为半闭环。就是说进给传动链上有一部分元件没有封闭在环内（如图 5-4 中的滚珠丝杠和工作台），因此会造成反馈量（实际位置）的测量误差，以至于影响整个伺服系统环路的控制误差。图 5-4 中，电动机轴与滚珠丝杠间的耦合，滚珠丝杠与螺母间的反向时的间隙，丝杠、工作台的变形等等引起的运动误差，编码器均未测到。因此，从理论上讲这种结构伺服的跟随精度不如全闭环高。

由图 5-4 可见，其中的编码器既作为电动机的速度反馈，以维持电动机转速的恒定，从而使工作台的进给速度恒定；又作为被控元件的位置反馈。作速度反馈时，是将电动机的转速以单位时间内的脉冲数表示，将其反馈至速度控制器，与速度指令进行比较。作位置反馈时，是将实测的脉冲个数反馈至位置控制器，与 CNC 输出的位置指令进行比较，用求出的位置误差作为位置环路的控制量。

③ 闭环数控系统（图 5-5、图 5-6）。在运动部件的相应位置安装直线位置检测，精度高、结构复杂。这种结构使用直线尺（通常使用直线光栅尺）作为位置测量元件，并将其安装在工作台的侧面，随工作台一起运动。因此，能够直接测量出工作台的实际移动量（称之为直接测量）。整个传动链上所有元件全部包括在闭环内，故测量精度高，因此伺服的控制精度也就高。

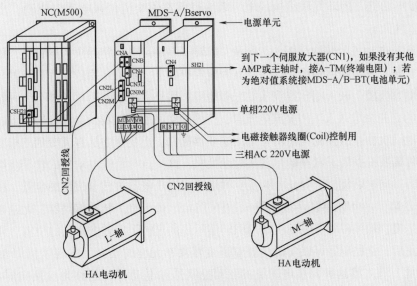

图 5-4 半闭环数控系统接线

此种结构中，安装在电动机轴上的编码器只用于电动机的速度反馈，位置量的反馈使用直线光栅尺。

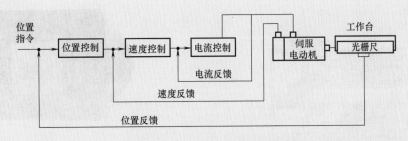

图 5-5 闭环数控系统原理

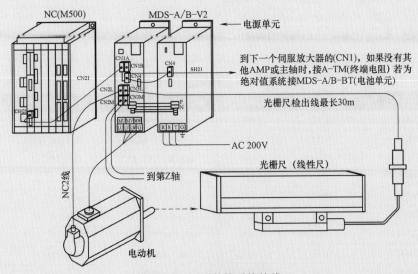

图 5-6 闭环数控系统接线

3）同步电动机。闭环伺服结构的电气系统目前都用交流伺服电动机驱动，多数使用永磁式同步电动机。

永磁式同步电动机的结构如图5-7所示。其转子是用高磁导率的永久磁钢做成的磁极，中间穿有电动机轴，轴两端用轴承支撑并将其固定在机壳上。定子是用矽钢片叠成的导磁体，导磁体的内表面有齿槽，嵌入用导线绕成的三相绕组。另外，在轴的后端部装有编码器。

当定子的三相绕组通入三相交流电流时，产生的空间旋转磁场就会吸住转子上的磁极同步旋转。同步电动机的速度控制与电功率是用逆变器提供，逆变器中从直流变到三相交流的功率驱动电路元件需要根据转子磁场的位置实时地换向，这一点与直流电动机的转子绕组电流随定子磁场位置的换向非常类似。因此，为了实时地检测同步电动机转子磁场的位置，在电动机轴上（后端）安装了一个脉冲编码器（图5-7中的11）。由于有了脉冲编码器，无论电动机的转速是快、还是慢，均可以随着电动机轴的回转实际地测出转子上磁极磁场的位置，将该位置值送到控制电路后，使控制器可以实时地控制逆变器功率元件的换向，实现了伺服驱动器的自控换向。因此，有人将这种同步电动机的驱动控制器和电动机一起称为自换向同步电动机；另外，因为其控制特性类似于直流电动机，所以也称为无换向式直流电动机。

FANUC 伺服电动机如图5-8所示，αiS 系列伺服电动机型号见表5-1。

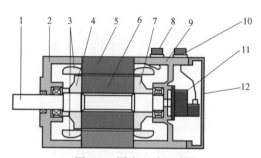

图 5-7　同步电动机结构

1—电动机轴　2—前端盖　3—三相绕组线圈　4—压板

5—定子　6—磁钢　7—后压板　8—动力线插头

9—后端盖　10—反馈插头　11—脉冲编码器

12—电动机后盖

图 5-8　FANUC 伺服电动机

表 5-1　αiS 系列伺服电动机型号

电动机型号	电动机图号	电动机代码	电动机型号	电动机图号	电动机代码
αiS 2/5000	0212	262	αiS 40/4000	0272	322
αiS 2/6000	0218	284	αiS 50/3000	0275-B□0□	324
αiS 4/5000	0215	265	αiS 50/3000 FAN	0275-B□1□	325
αiS 8/4000	0235	285	αiS 100/2500	0285-B□0□	335
αiS 8/6000	0232	290	αiS 100/2500 FAN	0285-B□1□	330
αiS 12/4000	0238	288	αiS 200/2500	0288-B□0□	338
αiS 22/4000	0265	315	αiS 200/2500 FAN	0288-B□1□	334
αiS 22/6000	0262	452	αiS 300/2000	0292	342
αiS 30/4000	0268	318	αiS 500/2000	0295	345

4）编码器结构与原理

编码器是将机械的直线位移或角位移转换成脉冲或数字信号的机电一体化的传感器。它由 LED、码盘、光栏板、光电元件、印制电路板等组成。主要有两类：增量式和绝对式（图 5-9）。

① 增量式编码器（图 5-10）

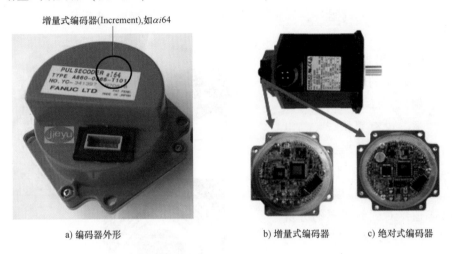

a) 编码器外形　　　　　　b) 增量式编码器　　c) 绝对式编码器

图 5-9　编码器结构图

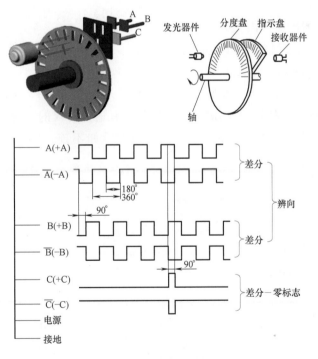

图 5-10　增量式编码器

增量式编码器其光电码盘是在一块玻璃圆盘上镀上一层不透光的金属薄膜，然后在上面制成圆周等距的透光与不透光相间的条纹，光栏板（光电孔）上有两组条纹 A 组和 B 组，彼此错开 1/4 节距。当光电码盘旋转时，光线通过光栏板和码盘产生明暗相间的变化，由光电元件接收，经过电路板转换成脉冲输出信号。A、B 两组条纹相对应的光敏元件所产生的信号彼此相差 90°相位，用于辨别旋转方向。当光电码盘正转时，A 信号超前 B 信号 90°，当光电码盘反转时，B 信号超前 A 信号 90°。此外，在光电码盘的里圈里还有一条透光条纹 C，每旋转一圈能产生一个脉冲，该脉冲信号又称为"一转信号"或零标志脉冲，作为测量的起始基准。

② 绝对式编码器（图 5-11）。绝对式光电编码器的特点是：编码器输出二进制码，每一个编码对应一个绝对位置，没有累积误差，电源切断后需由外接电池来保存位置信息。n 为二进制位数，位数 n 越大，分辨角越小，测量精度就越高。例如，12 码道绝对式编码器的分辨角 $\alpha = 360°/4096 = 5.28'$；若为 13 码道，则分辨角 $\alpha = 360°/8192 = 2.64'$。绝对式编码器输出的二进制码有自然二进制码和格雷码。

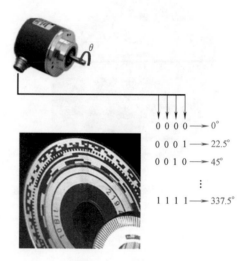

图 5-11　绝对式编码器

FANUC 绝对式编码器是增量式编码器内部先通过电子细分，再由电池记忆而成为"绝对值"的，而并非每个位置有一一对应的代码表示，因此也称为仿绝对式编码器。FANUC 编码器型号中带字母"A"的为绝对式编码器，带字母"I"的为增量式编码器。绝对式编码器有两根信号线 RD、*RD，这是串行输出，编码器和伺服放大器之间是有通信协议的，为串行编码器。+5V、0V 为编码器的工作电源，FG、+6V 为备份电池线，如不连，则该编码器是增量式编码器。

5）编码器回收线。

① 伺服接口。

a. 串行脉冲编码器 A 型接口轴卡。

指令 M184　反馈 M185

指令 M187　反馈 M188

指令 M194　反馈 M195

b. B 型接口轴卡。

指令 JS1A　反馈 JF1

指令 JS2A　反馈 JF2

指令 JS3A　反馈 JF3

② FANUC 0i、18i 编码器与伺服板接线。

A 型接口		B 型接口	
伺服板侧	编码器侧	伺服板侧	编码器侧
16—A		01—A	
17—D		02—D	
14—F		05—F	
13—G		06—G	
04—J		18—J	
05—K		20—K	
06—K		14—T	
01—N		12—N	
02—T		H 屏蔽地线	
03—R			
07—R			

6）伺服系统框图（图 5-12）。

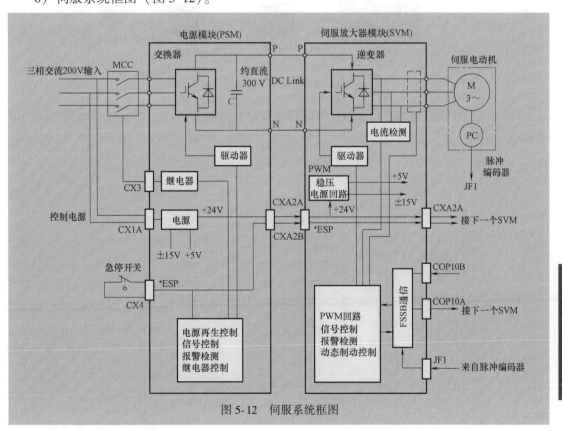

图 5-12　伺服系统框图

PSM：Power Supply Model

SVM：Servo Model

FSSB：FANUC Serial Servo Bus

ESP：急停信号输入

PWM：脉宽调制信号

7）伺服连接举例

FANUC 数控系统与伺服之间的连接使用 FSSB 总线（图 5-13），FSSB 是 FANUC Serial Servo Bus（发那科串行伺服总线）的缩写。该总线使用专用的光缆将一台主控器与多台从控器进行连接。这里，主控器侧是 CNC 单元，从控器是伺服放大器（主轴放大器除外）及分离型位置检测器用接口单元。

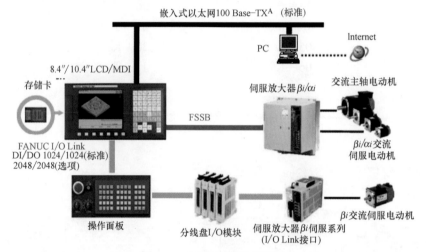

图 5-13 CNC 系统基本配置

FANUC 数控系统版本不断升级，不同版本伺服连接有所不同，连接接口结构不同，但原理基本相同，伺服故障提示相似，在维修数控机床时，必须熟悉本机数控系统及伺服连接方式，查到相关技术资料，正确判断故障。αi 系列伺服连接原理如图 5-14 所示。

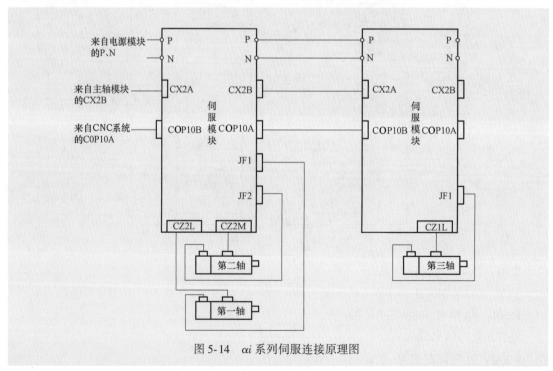

图 5-14 αi 系列伺服连接原理图

αi 电源模块接口功能如图 5-15 所示；αi 主轴模块接口功能如图 5-16 所示，αi 伺服模块接口（B 型口）功能如图 5-17 所示，βi 主轴模块接口功能如图 5-18 所示，βiS 系列 SVPM 接口功能如图 5-19 所示。

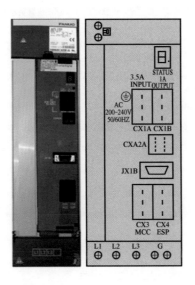

STATUS:状态指示窗口
“–”电源模块未起动
“0”电源模块起动就绪
“#”电源模块报警
CX1A:交流辅助电源输入
两相或单相输入:200V系列50/60Hz
CX1B:交流辅助电源输出
提供外部风扇电源
CXA2A:模块连接接口
为后续模块提供直流辅助电源
DC 240V及模块信息信号(串行信息)
CX3:电源模块就绪确定端口
内部MCC继电器常开触点
CX4:急停信号输入端口
与机床急停开关连接
STATUS
3.5A INPUT
1A OUTPUT
AC 200~240V 50/60HZ
CX1A CX1B
CXA2A
JX1B
CX3 MCC
CX4 ESP
L1 L2 L3 G

图 5-15　αi 电源模块接口功能

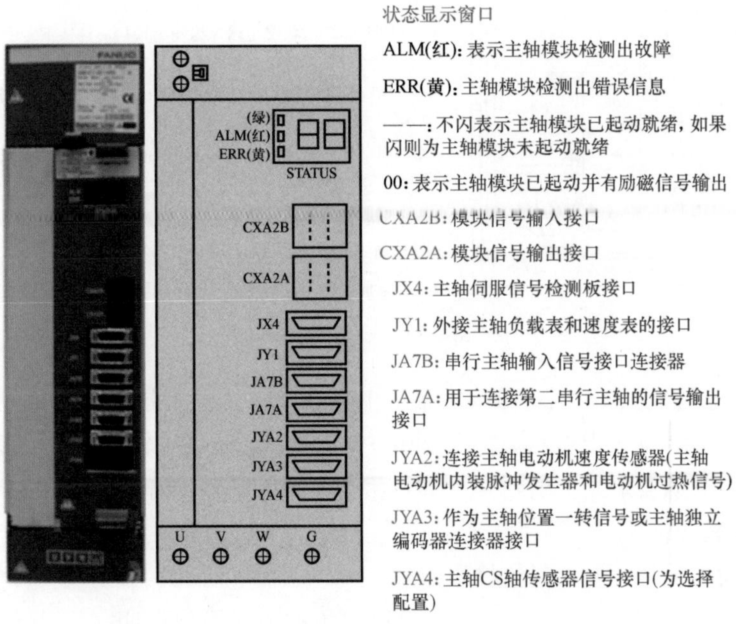

状态显示窗口
ALM(红):表示主轴模块检测出故障
ERR(黄):主轴模块检测出错误信息
——:不闪表示主轴模块已起动就绪，如果闪则为主轴模块未起动就绪
00:表示主轴模块已起动并有励磁信号输出
CXA2B:模块信号输入接口
CXA2A:模块信号输出接口
JX4:主轴伺服信号检测板接口
JY1:外接主轴负载表和速度表的接口
JA7B:串行主轴输入信号接口连接器
JA7A:用于连接第二串行主轴的信号输出接口
JYA2:连接主轴电动机速度传感器(主轴电动机内装脉冲发生器和电动机过热信号)
JYA3:作为主轴位置一转信号或主轴独立编码器连接器接口
JYA4:主轴CS轴传感器信号接口(为选择配置)
(绿)
ALM(红)
ERR(黄)
STATUS
CXA2B
CXA2A
JX4
JY1
JA7B
JA7A
JYA2
JYA3
JYA4
U V W G

图 5-16　αi 主轴模块接口功能

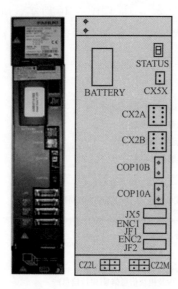

BATTERY: 为伺服电动机绝对编码器的电池盒(DC6V)

STATUS: 为伺服模块状态指示窗口

CX5X: 为绝对编码器电池的接口

CX2A: 为DC24V电源、*ESP急停信号、XMIF报警信息输入接口，与前一个模块的CX2B相连

CX2B: 为DC24V电源、*ESP急停信号、XMIF报警信息输出接口，与后一个模块的CX2A相连

COP10A: 伺服高速串行总线(HSSB)输出接口。与下一个伺服单元的COP10B连接(光缆)

COP10B: 伺服高速串行总线(HSSB)输入接口。与CNC系统COP10A连接(光缆)

JX5: 为伺服检测板信号接口

JF1、JF2: 为伺服电动机编码器信号接口

CZ2L、CZ2M: 为伺服电动机动力线连接插口

图 5-17 αi 伺服模块接口（B 型口）功能

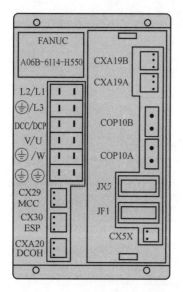

L1、L2、L3: 主电源输入端接口，三相交流电源200V、50/60Hz

U、V、W: 伺服电动机的动力线接口

DCC、DCP: 外接DC制动电阻接口

CX29: 主电源MCC控制信号接口

CX30: 急停信号(*ESP)接口

CXA20: DC制动电阻过热信号接口

CXA19A: DC24V控制电路电源输入接口。连接外部24V稳压电源

CXA19B: DC24V控制电路电源输出接口。连接下一个伺服单元的CX19A

COP10A: 伺服高速串行总线(HSSB)接口。与下一个伺服单元的COP10B连接(光缆)

COP10B: 伺服高速串行总线(HSSB)接口。与CNC系统的COP10A连接(光缆)

JX5: 伺服检测板信号接口

JF1: 伺服电动机内装编码器信号接口

CX5X: 伺服电动机编码器为绝对编码器的电池接口

图 5-18 βi 主轴模块接口功能

8）伺服系统故障分析。当进给伺服系统出现故障时，通常有三种表现形式：

① 在 CRT 或操作面板上显示报警内容和报警信息，它是利用软件的诊断程序来实现的。

② 进给伺服驱动器单元上的硬件（如：报警灯或数码管指示，熔丝熔断等）显示报警驱动单元的故障信息。

③ 进给运动不正常，但无任何报警信息。

其中前两类，都可根据生产厂家或公司提供的机床《维修说明书》中有关"各报警信息产生的可能原因"提示进行分析判断，一般都能诊断出故障原因和部位。但对于第三类

L1、L2、L3：主电源输入端接口，三相交流电源200V，50/60Hz

U、V、W：主轴电动机电源输出接口

CZ2L、CZ2M和CZ2N：第1轴、第2轴和第3轴伺服电动机电源输出接口

CX3：主电源接触器(MCC)控制信号接口

CX4：急停信号(*ESP)接口

CXA2C：DC 24V控制电路电源输入接口

CXA19A：连接外部24V电源

CX5X：伺服电动机绝对式编码器的电池接口

COP10B：伺服高速串行总线(HSSB)接口，与CNC系统的COP10A光缆连接

JF1、JF2和JF3：第1轴、第2轴和第3轴伺服电动机内装编码器反馈信号接口

JA7B：串行主轴输入信号接口，与CNC系统的JA7A接口连接

JA7A：连接第2串行主轴信号输出接口

JYA2：连接主轴电动机内置速度传感器和电动机过热信号

JYA3：主轴接近开关或主轴独立编码器连接接口

JYA4：主轴Cs轴传感器信号接口(选择配置)

JX6：伺服检测板信号接口

JX1：外接主轴负载表接口和速度表接口

图 5-19　βiS 系列 SVPM 接口功能

故障，则需要进行综合分析，发生这类故障时往往机床不能正常运行，如机床失控、机床振动、伺服参数不正常等。

　　伺服系统的故障诊断，由于伺服驱动生产厂家的不同，在具体做法上可能有所区别，但其基本检查方法与诊断原理却是一致的。诊断伺服系统的故障，一般可用状态指示灯诊断、数控系统报警显示的诊断法、系统诊断信号的检查法、原理分析法等。

　　例如：18i 数控系统出现伺服报警，可先调出伺服监视画面（图 5-20），检测 ALARM1、ALARM12、ALARM13、ALARM14 具体内容，通过维修资料判断故障内容。

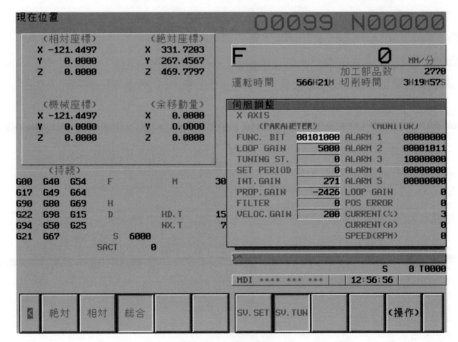

图 5-20　伺服监视画面

ALARM1 报警诊断号具体故障原因如下：

OVL	LV	OVC	HCA	HVA	DCA	FBA	OFA

#6（LV）：伺服低电压报警

#5（OVC）：伺服过电流报警

#4（HCA）：伺服异常电流报警

#3（HVA）：伺服高电压报警

#2（DCA）：伺服放电电路报警

#1（FBA）：伺服断线报警

#0（OFA）：伺服溢出报警

例 5-1　#5（OVC）伺服过电流报警分析

伺服电动机实际检测电流超过电动机额电流 1.2（或 1.5）倍累计 1min。

① 系统参数设定错误或伺服软件不良——进行伺服参数初始化操作恢复电动机标准参数。

② 机械传动故障（如配合过紧、润滑不良、丝杠和轴承损坏等)——对机械部件进行重新调整或修理。

③ 切削负载过重或切削参数不合理——通过加工中故障每次发生在同一程序段，修改加工工艺。

④ 伺服电动机局部匝间短路或电动机绝缘不良——用钳形电流表测量三相平衡电流或用电桥测量伺服电动机三相平衡电阻，更换电动机或连接电缆。

⑤ 伺服放大器及控制电路板——更换伺服放大器。

例 5-2　#4（HCA）伺服异常电流报警分析。

伺服放大器 LED 显示 8/8.，9/9.，A/A.，B/B.，C/C.。

① 系统参数设定错误或伺服软件不良——进行伺服参数初始化操作恢复电动机标准参数。

② 机械传动卡死故障及垂直轴电动机抱闸控制电路故障——对机械部件进行重新调整或修理。

③ 伺服电动机或连接电缆短路——用摇表测量电动机绝缘电阻，更换电动机或连接电缆。

④ 伺服放大器故障——伺服放大器逆变块短路、控制电路及接口短路。可以通过替换放大器进行判别，及通过对换电动机指令线和动力线进行控制电路板的判别。

⑤ 伺服电动机内装编码器+5V 电路短路——通过对换编码器反馈电缆接口进行故障的判别。

1.2　三菱伺服故障

（1）伺服系统原理（图 5-21）

本系统采用快速响应电流控制（高增益控制）和高速高精度伺服电动机技术，大幅提高系统控制性能。

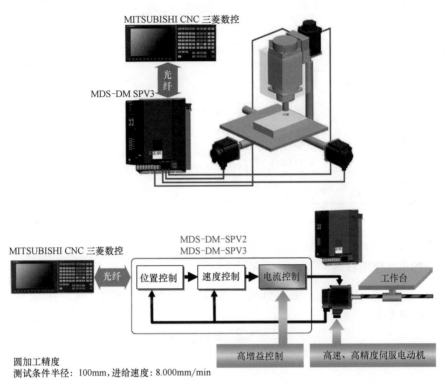

图 5-21　伺服系统原理图

（2）伺服维修分析举例

部分伺服驱动器、电动机、编码器等的伺服系统的错误所导致的报警见表 5-2。

报警信息、报警号码和轴名称将显示在报警信息画面上，发生报警的轴号和报警号码也将显示在伺服监视画面上。发生多个报警时，在伺服监视画面上将对各轴显示最大 2 个信息，请确认。如果 S、T、M 或 N 作为轴名显示在报警信息画面上，为主轴报警，参考"主轴报警"部分。（在画面上以黑体字显示信息）

表 5-2　部分伺服驱动器、电动机、编码器等的伺服系统的错误所导致的报警

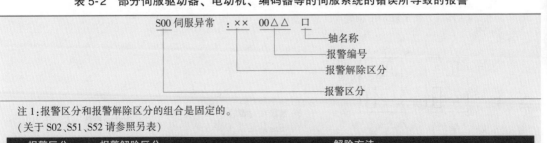

注 1：报警区分和报警解除区分的组合是固定的。

（关于 S02、S51、S52 请参照另表）

报警区分	报警解除区分	解除方法
S01	PR	解除报警原因后，通过再打开 NC 电源可以解除报警
S03	NR	解除报警原因后，通过输入 NC 复位键可以解除报警
S04	AR	解除报警原因后，通过再打开伺服驱动模块的电源可以解除报警

（续）

注 2：对于报警区分的解除方法有可能发生变化。

例如：显示"S03 伺服错误：NR"的时候也可能需要再次打开 NC 电源。

注 3：轴名称为 S、T、M 或 N 时，请参照主轴报警部分。

显示	名称	含 义
10	电压过低	PN 总线电压降至 200V 以下
11	轴选择错误	当使用双轴一体的驱动器，双轴的旋转开关均被设定成了同一个轴号。或者设定了错误的值
12	内存错误 1	在驱动器电源打开时进行的自检中，检测出内存 IC/FB IC 上有错误
13	软件处理错误 1	软件的数据处理未在规定时间内完成 软件的工作顺序错误或者工作时间错误
14	软件处理错误 2	控制 IC 没有正确工作
15	内存错误 2	驱动器的自检错误 （驱动 LED 显示是"—口"）

★**技能训练**：用交换法判断 016 故障位置。

报警号 016：检出器内磁极检测异常。

【意义】 OHE/OSE 形式（电动机端检出型），检出器内之 U、V、W 信号输出不良。其检测方法见表 5-3。

表 5-3 检测方法

报警检测时机

1	2	3	4

项目	检测项目	检测结果	排除步骤
1	核对伺服参数(SV025)是否设定正确	OHE 形式检出器对应参数设定不正确	更正设定为正确设定(参考参数说明)
		设定正确	再执行第 2 项检查
2	用手拉 AMP 及检出器间的连接，看是否松动或未连接好	松动或未连接好	更正连接状况
		连接正常	再执行第 3 项检查
3	将主电源关闭后，利用电表测试检出电线	检出器线断线或接触不良	更换检出器线
		连接测试正常	再执行第 4 项检查
4	先将主电源关闭线，尝试将检出器线与隔壁轴对调，开电检查报警是否跑到隔壁轴还是在原来的轴上以断定是 AMP 问题或检出器问题 （注：检出器线对调后，请勿移动轴以防止 AL52）	报警还是发生在原来 AMP 上	更换伺服放大器
		报警在对调检出器线后，报警号跑道其他轴 AMP 上	更换检出器

2　制订维修工作计划

2.1　资料收集

加工中心 FV85A（数控系统：FANUC 18 i）出现报警信息：430 Y AXIS SV. MOTOR O-VERHEAT。要对此故障进行维修必须有以下资料：《FANUC 18i 系统手册》《电气说明书》《FANUC 18 i 维修手册》《伺服驱动系统使用说明书》《机床操作说明书》。

2.2　整理、组织并记录信息

1）了解机床制造商情况。

2）了解机床操作方法以及常用诊断操作画面。

3）了解 FANUC 18 i 系统点。

4）询问在什么情况下出现故障，机床操作员做了哪些处理（这点非常重要）。

5）弄清维修时需要什么工具，以及加工中心 FV85A 使用 FANUC 18 i 的哪种系列伺服系统？

6）写出维修电气安全操作规程。

2.3　维修工作计划

1）在维修手册上找出 430 Y AXIS SV. MOTOR OVERHEAT 报警具体内容和维修指导。

_____

_____

_____

_____

2）查找并写出此类伺服故障的维修方法。

_____

_____

_____

_____

3）查出 FV85A（数控系统：FANUC 18 i）伺服器、编码器、伺服电动机的型号及特性。

_____

_____

_____

_____

学习领域

5

4）讨论出故障维修方法，并写出维修步骤。

3 实施维修工作

1）简述到加工中心 FV85A（数控系统：FANUC 18 i）工作现场时所做的准备工作。

2）简述安全维修原则。

3）写出伺服放大器型号、画出接线图。
记录伺服放大器型号：

记录伺服放大器接线图：

4）记录编码器型号。

5）记录伺服电动机型号。

6）检测编码器回收线是否有短路或断路，并记录。

7）交换伺服放大器、画出交换后接线图。

伺服放大器交换后接线图：

8）观察交换伺服放大器报警显示变化，判断故障所在位置（伺服器、编码器、伺服电动机）。

结论：

4　检查维修工作质量

1）学习小组互检判断故障点位置是否准确。

2）检查维修后是否对机床各部分有损坏痕迹，拆过的电路是否恢复整齐原样，拆过接线端是否插紧。

3）检查维修后机床是否擦干净。

4）检查是否向机床操作员讲解今后使用应注意事项。

5）学习小组互评打分：_____

_____

6）老师评价评分：_____

_____

_____

_____

5 工作总结

1）总结维修过程有没有走弯路。

_____

_____

_____

_____

2）针对伺服系统维修，自己能做到什么程度，明确自己在哪些方面的知识和技能还需要加强。

_____

_____

_____

_____

学习领域 6

与尺寸精度误差、曲面加工粗糙有关故障的维修

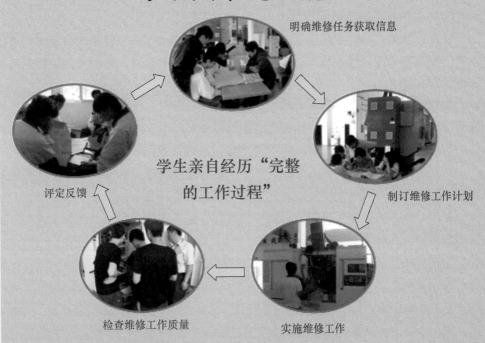

明确维修任务获取信息

制订维修工作计划

学生亲自经历"完整的工作过程"

实施维修工作

检查维修工作质量

评定反馈

工作任务：

数控车间主管把机床故障报到维修部：有一台数控加工中心 FV85A（数控系统：FANUC 18i）在工件加工时，X 方向有 0.08mm 误差，Y 方向有 0.05mm 误差。维修部主管派你去维修。

1 信息收集

> 💬 讨论：工件加工尺寸有误差，分析其可能原因。

数控机床加工精度主要决定于机床机械精度，出现加工精度故障时主要可做以下几个方面的工作：主传动系统（主轴）维护与维修，进给系统结构（滚珠丝杠螺母副、导轨副）维修，以及其他辅助装置（润滑系统、冷却系统）维修。

1.1 主传动系统结构

（1）主传动系统的组成和结构

数控机床的主传动系统承受主切削力，它的功率大小与回转速度直接影响着机床的加工效率。而主轴部件是保证机床加工和自动化程度的主要部件，它们对数控机床的性能有着决定性的影响。

数控机床主轴部件是影响机床加工精度的主要部件，要求主轴部件具有与本机床工作性能相适应的回转精度、刚度、抗振性、耐磨性和低的温升，其结构必须能很好解决刀具和工具的装夹、轴承的配置、轴承间隙的调整和润滑密封等问题。

数控机床主轴部件（图6-1）主要有主轴本体及润滑、密封装置、支承主轴的轴承、配置在主轴内部的刀具夹紧以及吹屑装置、主轴的准停装置等。

加工中操作失误使主轴撞机后或主轴磨损，会使主轴偏摆，引起加工误差，主轴精度维护非常重要，主轴常见结构如下：

主轴部件除具有较高的精度和刚度外，还带有刀具自动装卸装置和主轴孔内切屑清除装置。如图6-2所示，主轴前端有7∶24的锥孔，用于装夹锥柄刀具。端面键13既作刀具定位用，又可传递转矩。为实现刀具的自动装卸，主轴内设有刀具自动夹紧装置。从图6-1中可看出，该主轴是由拉紧机构拉紧锥柄拉钉尾端的轴颈来实现刀夹的定位及夹紧的。夹紧刀夹时，液压缸上腔接通回油，弹簧11推动活塞6上移，处于图示位置，拉杆4在碟形弹簧5的作用下向上移动。由于此时装在拉杆前端径向孔中的四个钢球12进入主轴孔中直径较小的 d_2 处，被迫径向收拢而卡进拉钉2的环形凹槽内，因而刀柄被拉杆拉紧，依靠摩擦力紧固在主轴上。换刀前需将刀夹松开，压力油进入液压缸上腔，活塞6推动拉杆4向下移动，碟形弹簧被压缩；当钢球12随拉杆一起下移至主轴锥孔中直径较大的 d_1 处时，它就不再能约束拉钉的头部，紧接着拉杆前端内孔的抬肩端面碰到拉钉，把刀夹顶松。此时行程开关10发出信号，换刀机械手随即将刀柄取下。与此同时，压缩空气由管接头9经活塞和拉杆的中心通孔吹入主轴装刀孔内，把切屑或脏物清除干净，以保证刀具的装夹精度。机械手把新刀装上主轴后，液压缸7接通回油，碟形弹簧5由拉紧刀柄，刀柄夹紧后，行程开关8有发出信号。

自动清除主轴孔中的切屑和灰尘是换刀操作中一个不容忽视的问题。如果在主轴锥孔中掉进了切屑或其他污物，在拉紧拉杆时，主轴锥孔表面和拉杆的锥面就会被划伤，使刀杆发生偏斜，破坏刀具的正确定位，影响加工零件的精度，甚至使零件报废。为了保证主轴锥孔

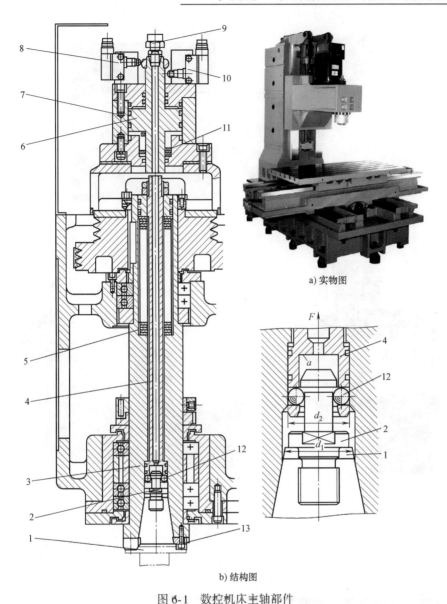

a) 实物图

b) 结构图

图 6-1　数控机床主轴部件

1—刀柄　2—拉钉　3—主轴　4—拉杆　5—碟形弹簧　6—活塞　7—液压缸　8、10—行程开关
9—压缩空气管接头　11—弹簧　12—钢球　13—端面键

的清洁，常用压缩空气吹屑。图 6-1 中活塞 6 的芯部钻有压缩空气通道，当活塞向下移动时，压缩空气经拉杆 4 吹出，将锥孔清理干净。喷气小孔设计有合理的喷射角度，并均匀分布，以提高吹屑效果。当主轴锥孔面损伤时，要修磨锥孔面。

主轴在机床的位置如图 6-3 所示。在实际应用中数控机床主轴轴承常见的配置有三种（图 6-4）。

1）前后支承采用双列和单列圆锥滚子轴承。这种轴承径向和轴向刚度高，能承受重载荷，尤其能承受较大的动载荷，安装与调整性能好。但是这种轴承配置方式限制了主轴的最高转速和精度，所以仅适用于中等精度、低速与重载的数控机床主轴。

学习领域

6

图 6-2　主轴外形

图 6-3　主轴在机床的位置

2）前支承采用高精度双列（或 J 列）角接触球轴承，后支承采用单列（或双列）角接触球轴承。这种结构配置形式具有较好的高速性能，主轴最高转速可达 4000r/min，但这种轴承的承载能力小，因而适用于高速、轻载和精密的数控机床主轴。

3）前支承采用双列圆柱滚子轴承和 60°角接触球轴承的组合，后支承采用成对角接触球轴承。这种结构配置形式是现代数控机床主轴结构中刚性最好的一种。它使主轴的综合刚度得到大幅度提

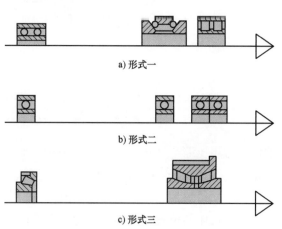

图 6-4　主轴轴承常见的支承形式

高，可以满足强力切削的要求，所以目前各类数控机床的主轴普遍采用这种配置形式。

数控铣床主轴轴承用 7010、7012、7014、7018、7020 等较多（图 6-5），数控车床的主

轴用常用 NN3020 等规格加其他轴承的组合。

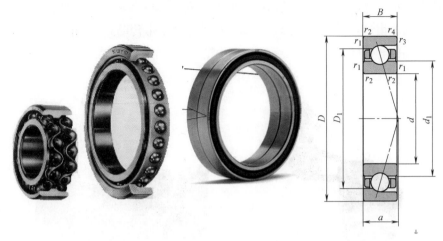

图 6-5　数控机床常用主轴轴承

★**技能训练**：查 FV85A 机械说明书，画出主轴支承结构，找出相关元件型号。

（2）主轴传动形式

1）带有变速齿轮的主轴传动（图 6-6）。这是大中型数控机床较常采用的配置方式，确保低速时有较大的转矩，滑移齿轮的移位大多采用液压拨叉或直接由液压缸驱动齿轮来实现。

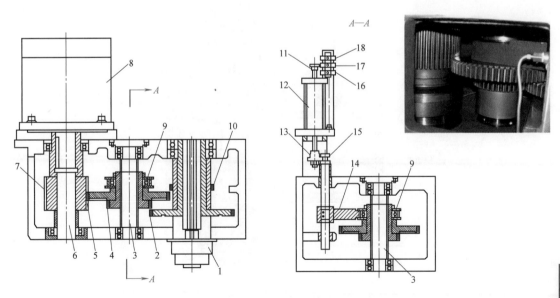

图 6-6　齿轮传动主轴

1—主轴　2—主轴齿轮 1　3—中间轴　4—滑移齿轮 1　5—滑移齿轮 2　6—主轴电动机轴　7—电动机轴齿轮　8—主轴电动机　9—滑移齿轮轴承套　10—主轴齿轮 2　11—档位开关感应块　12—换档液压缸　13—活塞　14—拨叉　15—拨叉轴　16—低速档接近开关　17—空档接近开关　18—高速档接近开关

学习领域

6

2）通过带传动的主轴传动（图 6-7）。这种传动主要用在转速较高、变速范围不大的小型数控机床上。可以避免由齿轮传动所引起的振动和噪声。适用于高速低转矩特性的主轴，常用多楔带和同步齿形带。同步齿形带传动是一种综合了带传动和链传动优点的新型传动方式，带型有梯形齿和圆弧齿。

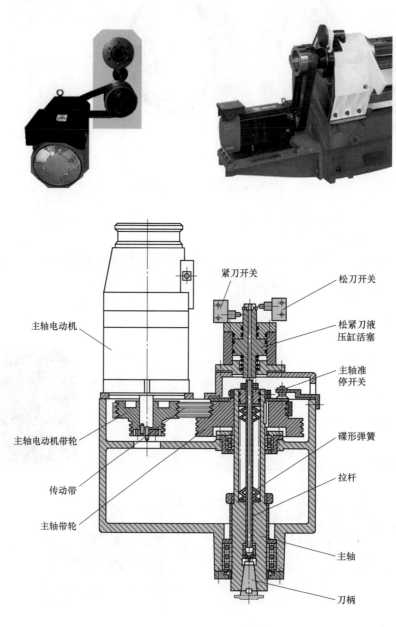

图 6-7　带传动主轴

3）调速电动机直接驱动主轴传动（图 6-8）。这种传动大大简化了主轴箱体与主轴的结构，有效地提高了主轴部件的刚度，但主轴输出的转矩小，电动机发热对主轴的精度影响较大。高速切削数控机床采用此种传动形式。

图 6-8　电主轴驱动

1.2　进给系统结构

（1）滚珠丝杠螺母副结构

进给传动系统中的传动装置和元件要具有高传动刚度、高抗振性、低摩擦、低惯性、无传动间隙等特点。

滚珠丝杠螺母副是将回转运动转换为直线运动的传动装置，其内循环、外循环结构原理如图 6-9 所示。在丝杠和螺母上加工有弧形螺旋槽，当它们套装在一起时形成螺旋滚道，滚道内装满滚珠。当丝杠相对于螺母旋转时，两者发生轴向位移。滚珠既自转又沿滚道循环流动。由于丝杠螺母副把传统丝杠与螺母之间的滑动摩擦转变为滚动摩擦，所以具有很多优点：

1）传动效率高。滚珠丝杠螺母副的传动效率可达 92%～98%，是普通丝杠螺母副的 3～4 倍。

2）运动平稳无爬行。由于摩擦阻力小，动静摩擦系数相近，因而传动灵活，运动平稳，有效消除了爬行现象。

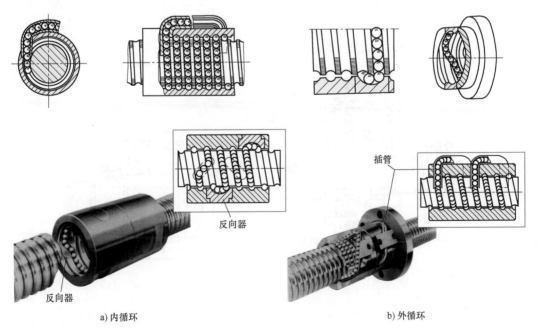

a) 内循环　　　　　　　　　　　b) 外循环

图 6-9　滚珠丝杠内循环、外循环结构原理

3）使用寿命长。因滚动摩擦小，故磨损很小，精度保持性好，寿命长。

4）滚珠丝杠螺母副经预紧后可以消除轴向间隙，因而无反向死区，同时也提高了传动刚度。

由于滚珠丝杠螺母副具有上述优点，所以在各类数控机床的直线进给系统中得到了普遍应用。但是滚珠丝杠螺母副也有缺点：

1）结构复杂，制造成本高。

2）不能自锁。由于摩擦系数小不能自锁，因而不仅可以将旋转运动转换为直线运动，也可将直线运动转换为旋转运动。当垂直布置时，自重和惯性会造成部件下滑，必须增加制动装置。

（2）滚珠丝杠的正确安装及其支承结构

滚珠丝杠的正确安装及其支承结构的刚度是影响数控机床进给系统传动刚度不可忽视的因素。滚珠丝杠安装不正确、支承结构刚度不足还会引起丝杠寿命下降。因此，螺母座孔和螺母之间的配合必须良好，并应保证孔与端面的垂直度。螺母座应增加适当的肋板，并加大螺母座与机床结合部的接触面积，以提高螺母座的局部刚度和接触刚度。

为了提高支承的轴向刚度，选择合适的滚动轴承也是十分重要的。通常采用两种组合方式，一种是把角接触球轴承和圆锥滚子轴承组合使用，其结构简单，但轴向刚度不足。另一种是把推力球轴承或角接触球轴承和向心球轴承组合使用，其轴向刚度提高了，但增大了轴承的摩擦力和发热，而且增大了轴承支架的结构尺寸。

为补偿因工作温度升高而引起的丝杠伸长，减小工作中的弹性变形，保证滚珠丝杠在正常使用时的定位精度和系统刚度要求，丝杠需要进行预加载荷拉伸，即预紧。预紧就是传动部件在承载前，在装配或调试阶段预先施加载荷使之产生微量变形。预紧能消除传动间隙，减小承载传动时的变形，提高传动刚度；预紧还能抵消传动时的热变形，提高传动精度。预紧的外施力要适当，过大会增加附加摩擦力矩，不利于转速的提高。预拉伸的量可以用制造厂家提供的公式计算得出，一般以 1m 长 0.02～0.03mm 为预拉伸值。预紧结构如图 6-10 所示。

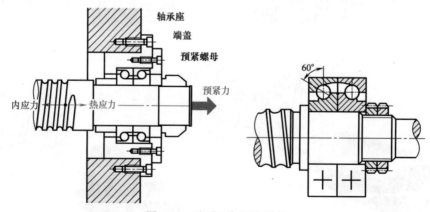

图 6-10　滚珠丝杠预紧结构

支承的安装和配置形式与丝杠的长短以及要达到的位移精度有关。一端固定，一端自由（图 6-11a）的形式适用于丝杠较短以及滚珠丝杠垂直安装的场合。一端固定，一端简支

（图 6-11b）的形式可以防止热变形对丝杠伸长的影响。两端固定的结构（图 6-11c、d），轴向刚度大，丝杠的热变形可转化为轴承的预紧力，适用于精度要求高的场合。

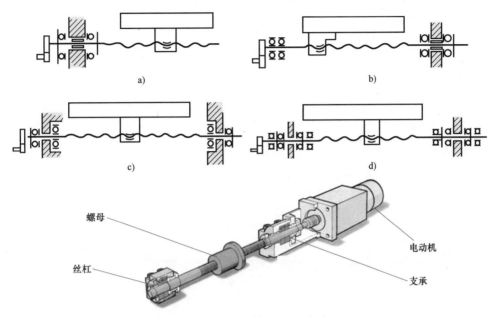

图 6-11　滚珠丝杠的支承方式

滚珠丝杠在机床上的安装方式如图 6-12 所示。

图 6-12　滚珠丝杠在机床上的安装方式

扩展知识：数控机床维修中的轴承选配

（1）滚动轴承的分类方法

1）按滚动轴承结构类型分类轴承的常用类型如图 6-13 所示。

① 轴承按其所能承受的载荷方向或公称接触角的不同，分为：

a. 向心轴承——主要用于承受径向载荷的滚动轴承，其公称接触角为 0°～45°。按公称接触角不同，又分为：径向接触轴承——公称接触角为 0°的向心轴承；向心角接触轴承——公称接触角为 0°～45°的向心轴承。

b. 推力轴承——主要用于承受轴向载荷的滚动轴承，其公称接触角为 45°~90°。按公称接触角不同，又分为：轴向接触轴承——公称接触角为 90°的推力轴承；推力角接触轴承——公称接触角为 45°~90°的推力轴承。

② 轴承按其滚动体的种类，分为：

a. 球轴承——滚动体为球。

b. 滚子轴承——滚动体为滚子。滚子轴承按滚子种类，又分为：圆柱滚子轴承——滚动体是圆柱滚子，圆柱滚子的长度与直径之比小于或等于3；滚针轴承——滚动体是滚针，滚针的长度与直径之比大于3，但直径小于或等于5mm；圆锥滚子轴承——滚动体是圆锥滚子的轴承；调心滚子轴承——滚动体是球面滚子的轴承。

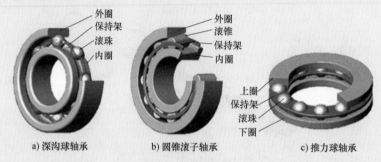

图 6-13　轴承的常用类型

2) 按滚动轴承尺寸大小分类。轴承按其外径尺寸大小，分为：

① 微型轴承——公称外径尺寸范围为 26mm 以下的轴承。

② 小型轴承——公称外径尺寸范围为 28~55mm 的轴承。

③ 中小型轴承——公称外径尺寸范围为 60~115mm 的轴承。

④ 中大型轴承——公称外径尺寸范围为 120~190mm 的轴承。

⑤ 大型轴承——公称外径尺寸范围为 200~430mm 的轴承。

⑥ 特大型轴承——公称外径尺寸范围为 440mm 以上的轴承。

3) 按用途分类。按用途分类可分为两大类：通用轴承、专用轴承。专用轴承包括以下几种：

① 轧机轴承。轧钢机可分为双辊轧机、四辊轧机和六辊轧机及至 20 辊轧机等。轧辊轴承是指装在工作辊和支承辊两端轴颈上的轴承。轧辊轴承要承受很大的径向轧制力，而安装轧辊轴承的径向空间又受到限制，因此，轧辊都使用多列滚子轴承，以承受大的径向力，有时用角接触球轴承或推力轴承来承受轴向力。主要采用四列圆锥滚子轴承、四列圆柱滚子轴承和调心滚子轴承。

② 洗衣机轴承。在家用洗衣机支承结构上，支承轴承主要承受径向负荷，主轴转速一般较低。对轴承性能上的要求除了一定的承载能力、运转平稳、寿命长外，还有一个重要的条件就是轴承的振动噪声要低。因此，在洗衣机支承结构中，支承轴承多选用深沟球轴承。

③ 机床轴承。机床轴承是机床的主要部件，其工作性能直接影响被加工件的质量和

生产效率。一般选用深沟球轴承、角接触球轴承、圆锥孔双列圆柱滚子轴承、圆锥滚子轴承、推力球轴承和推力滚子轴承及双向推力角接触球轴承。

④ 电动机轴承。电动机被广泛用于各种机械设备中，电动机的质量在一定程度上与所用轴承的运转平稳性有关。它要求轴承低噪声，经济性高和支承结构简单，通常选用深沟球轴承。

⑤ 汽车轴承。汽车轴承包括：车轮轮毂轴承组件、离合器分离轴承、万向节交叉轴承、水泵轴承、张紧轮轴承组件。

此外，还有：铁路轴承，航空发动机轴承、仪器仪表轴承、农机轴承、机器人轴承等。

4) 按使用特性分类。按使用特性可分为陶瓷轴承、高温轴承、低温轴承、耐腐蚀轴承、抗硫轴承、防磁轴承、真空轴承、自润滑轴承等。

① 陶瓷轴承。陶瓷轴承可以应用于高速、高温、低温、强腐蚀、强磁场、真空、高压等各种恶劣的工况。陶瓷轴承的主要特性是：承载能力高、耐热性好、极限转速高、摩擦温升小、摩擦损失小、耐久性高、耐腐蚀性好、绝缘性好、磁导率低、自润滑性好。

② 高速轴承。通常将 $D_m n$ 值超过 $1.0 \times 10^6 \text{mm} \cdot \text{r/min}$ 的滚动轴承称为高速轴承。这里，D_m 为滚动体的中心圆（节圆）直径，n 为内圈的转速。目前在实际应用中，高速轴承的 $D_m n$ 值已达到 $3.0 \times 10^6 \text{mm} \cdot \text{r/min}$，20 世纪初，高速轴承的 $D_m n$ 值可达到 $3.5 \times 10^6 \text{mm} \cdot \text{r/min}$。

(2) 国内轴承型号

举例：

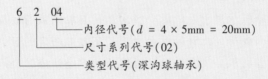

```
        6 2 04
            │  └── 内径代号(d = 4 × 5mm = 20mm)
            └───── 尺寸系列代号(02)
        └───────── 类型代号(深沟球轴承)
```

类型代码：

1 调心球轴承	5 推力轴承	N 圆柱滚子轴承
2 调心滚子轴承或推力调心滚子轴承	6 深沟球轴承	U 外球面接触球轴承
3 圆锥滚子轴承	7 角接触球轴承	Q 四点接触球轴承
4 双列深沟球轴承	8 推力圆柱滚子轴承	

(3) 数控机床常用单列角接触球轴承配对方法

很多数控机床进给机构采用单列角接触球轴承，正确使用单列角接触球轴承非常重要。单列向心角接触球轴承，只能承受单个方向的轴向力。有的场合为了能够承受双向轴向力，需要至少两列轴承组合来实现此目的。或者是要提高轴向单方向的承载，需要用至少两列轴承串联组合。

1) 单列角接触球轴承（图 6-14）基本概念。

角接触球轴承，可同时承受径向载荷和轴向载荷，也可以承受纯轴向载荷，极限转速较高。该轴承承受轴向载荷的能力由接触角决定，接触角大，承受轴向载荷的能力高。接触角 α 的定义为，径向平面上连接滚球和滚道触点的线与一条同轴承轴垂直的线之间的角度。

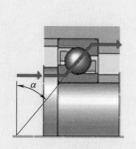

图 6-14　单列角接触球轴承

单列角接触球轴承有以下几种结构形式:

① 分离型角接触球轴承。这种轴承, 其外圈滚道没有锁口, 可以与内圈、保持架、钢球组件分离, 因而可以分别安装。这类多为内径小于 10mm 的微型轴承, 用于陀螺转子、微电动机等对动平衡、噪声、振动、稳定性都有较高要求的装置中。

② 非分离型角接触球轴承。这类轴承的套圈沟道有锁口, 所以两套圈不能分离。按接触角分为三种:

a. 接触角 $\alpha = 40°$, 适用于承受较大的轴向载荷。

b. 接触角 $\alpha = 25°$, 多用于精密主轴轴承。

c. 接触角 $\alpha = 15°$, 多用于较大尺寸精密轴承。

2) 成对配置的角接触球轴承方法。

成对配置的角接触球轴承用于同时承受径向载荷与轴向载荷的场合, 也可以承受纯径向载荷和任一方向的轴向载荷。此种轴承由生产厂家按照一定的预载荷要求, 选配组合成对, 提供给用户使用。当轴承安装在机器上紧固后, 完全消除了轴承中的游隙, 并使套圈和钢球处于预紧状态, 因而提高了组合轴承的刚性。

单列角接触球轴承 以径向载荷为主的径向、轴向联合载荷, 也可承受纯径向载荷, 除串联式配置外, 其他两配置均可承受任一方向的轴向载荷。在承受径向载荷时, 会引起附加轴向力。因此一般需成对使用, 做任意配对的轴承组合, 成对安装的轴承按其外圈不同端面的组合分为: 背对背配置、面对面配置、串联配置 (也称为 O 型配置、X 型配置、T 型配置) 三种类型 (图 6-15)。

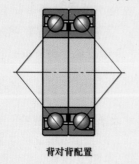
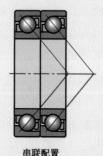

背对背配置　　　　　　面对面配置　　　　　　串联配置

图 6-15　轴承组合

① 背对背配置，后置代号为 DB（如 70000/DB），背对背配对的轴承的载荷线向轴承轴分开。可承受作用于两个方向上的轴向载荷，但每个方向上的载荷只能由一个轴承承受。背对背安装的轴承提供刚性相对较高的轴承配置，而且可承受倾覆力矩。

② 面对面配置，后置代号为 DF（如 70000/DF），面对面配对的轴承的载荷线向轴汇合。可承受作用于两个方向上的轴向载荷，但每个方向上的载荷只能由一个轴承承受。这种配置不如背对背配对的刚性高，而且不太适合承受倾覆力矩。这种配置的刚性和承受倾覆力矩的能力不如 DB 配置形式，轴承可承受双向轴向载荷。

③ 串联配置，后置代号为 DT（如 70000/DT），串联配置时，载荷线平行，径向和轴向载荷由轴承均匀分担。但是，轴承组只能承受作用于一个方向上的轴向载荷。如果轴向载荷作用于相反方向，或如果有复合载荷，就必须增加一个相对串联配对轴承调节的第三个轴承。这种配置也可在同一支承处串联三个或多个轴承，但只能承受单方向的轴向载荷。通常，为了平衡和限制轴的轴向位移，另一支承处需安装能承受另一方向轴向载荷的轴承。

此外，还有一种可供任意配对的单列角接触球轴承。这种轴承经特殊加工，可以两个背靠背、两个面对面或两个串联等任意方式组合，配对组合的轴向间隙可根据需要选择，后置代号 CA 表示轴向间隙较小，CB 表示轴向间隙适中，CC 表示轴向间隙较大。

3）使用要点：

角接触轴承一般选择背靠背还是面对面两种都可以，装拆方便是重要的要考虑的一方面。另外，对于有的轴较长、运行时温升较大的，可以考虑"背对背"安装。"面对面"安装轴上零件定位不恰当，则轴受热伸长时轴承游隙变小，有可能造成顶死。安装背靠背轴承时，内圈压紧，外圈也要压紧，就可以了。过盈定位精度高，不过盈极限转速高，需要什么量就看工况了。注意，否则轴承会烧毁，或者精度达不到要求。

★ **技能训练**：数控机床维修轴承选配：加工中心 FV85A 轴向的丝杠轴承一般用 25TAC、30TAC 比较多（图 6-16），查出轴承型号意义，确定安装配对方法。

图 6-16　25TAC、30TAC 轴承

学习领域

6

（3）数控机床进给传动间隙的调整与补偿

1）双螺母垫片式消隙（图 6-17）。

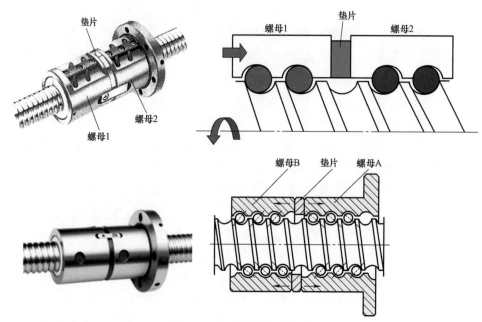

图 6-17　双螺母垫片式消隙

此种形式结构简单可靠、刚度好、应用最为广泛，在双螺母间加垫片的形式可有由专业生产厂根据用户要求事先调整好预紧力，使用时卸装非常方便。

2）双螺母螺纹式消隙（图 6-18）。

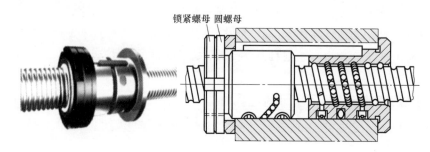

图 6-18　双螺母螺纹式消隙

利用一个螺母上的外螺纹，通过圆螺母调整两个螺母的相对轴向位置实现预紧，调整好后用另一个圆螺母锁紧，这种结构调整方便，且可在使用过程中，随时调整，但预紧力大小不能准确控制。

3）双螺母齿差式消隙（图 6-19）。

在两个螺母的凸缘上各制有圆柱外齿轮，分别与固紧在套筒两端的内齿圈相啮合，其齿数分别为 z_1、z_2，并相差一个齿，调整时，先去掉内齿圈，让两个螺母相对于套筒同方向都转动一个齿，然后再插入内齿圈，则两个螺母

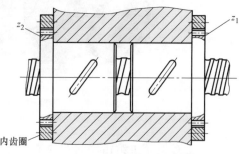

图 6-19　双螺母齿差式消隙

便产生相对角位移，其轴向位移量为：式中 z_1、z_2 为齿轮的齿数，p_h 为滚珠丝杠的导程。

轴向位移量 = $(1/z_1 - 1/z_2)$×丝杠螺距。

4) 单螺母消隙（图6-20）。

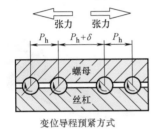

导程　导程

螺母

丝杠

增大钢珠直径预紧方式

此种方式内的钢珠比珠槽空间大(过大钢珠)使钢珠产生四点接触

张力　张力

P_h　$P_h + \delta$　P_h

螺母

丝杠

变位导程预紧方式

此种方式在螺母螺距上有 δ 值的偏移，取代传统双螺母预紧方式，并在短螺母长度及较小预紧力下拥有较高刚性。然而此种方式不能使用太高的预紧力。

图6-20　单螺母消隙

(4) 数控机床进给导轨副

机床导轨的功用就是支承和导向，也就是支承运动部件并保证运动部件在外力的作用下，能准确地沿着一定方向运动。导轨性能的好坏，直接影响机床的加工精度、承载能力和使用性能。数控机床对导轨有更高的要求：导向精度高、精度保持性好、低速运动平稳、不爬行。

1) 贴塑滑动导轨。在与床身导轨相配的滑座导轨上粘接上静动摩擦系数相差不大、耐磨、吸振的塑料软带构成的贴塑导轨，或者在固定和运动导轨之间采用注塑或涂塑的方法制成的塑料导轨（图6-21）。塑料导轨具有良好的摩擦特性、耐磨性和吸振性，因此得到广泛使用。

塑料软带是以聚四氟乙烯为基体，加入青铜粉、二硫化钼和石墨等填充剂混合烧结而成的。其缺点是承载能力低、尺寸稳定性差。

2) 滚动导轨。滚动导轨就是在导轨工作面间放入滚柱、滚珠或滚针等滚动体，使导轨面间为滚动摩擦，可大大降低摩擦系数，提高运动的灵敏度。

图6-21　贴塑导轨机床

滚动导轨由于摩擦系数小（一般为0.0025～0.005），动、静摩擦系数很接近，且几乎不受运动速度变化的影响，因而运动轻便灵活，所需驱动功率小；摩擦发热小、磨损小、精度保持性好；低速运动时不易产生爬行现象，定位精度高，在数控机床上得到了广泛的应用。

滚动导轨的缺点是结构较复杂，抗振性差，制造困难，因而成本较高。此外，滚动导轨对脏物较敏感，必须有良好的防护装置。

滚动导轨的结构形式有滚珠导轨、滚柱导轨、滚针导轨和直线滚动导轨块组件。滚珠导轨结构紧凑，制造容易，成本较低，但由于是点接触，因而刚度低、承载能力较小。滚柱导轨为线接触，承载能力和刚度比滚珠导轨大，但对导轨面的平行度要求较高，否则会引起滚柱的偏移和侧向滑动。由于滚针直径尺寸小，故滚针导轨结构紧凑，与滚柱导轨相比，可在同样长度上排列更多的滚针，因而承载能力比滚柱导轨大，但摩擦系数也要大一些，适用于尺寸受限制的场合。直线滚动导轨组件（图6-22）由专业生产厂制造，精度很高，对机床

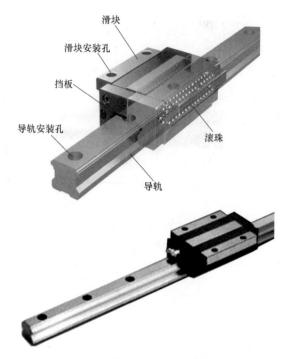

图 6-22　直线滚动导轨组件的结构

安装基面要求不高、安装、调整都非常方便，在数控机床上的应用越来越广泛。滚动导轨组件在机床上的安装如图 6-23 所示。

（5）数控机润滑系统

所有数控机床都使用自动润滑单元（图6-24~图6-26），用于机床导轨、滚珠丝杠螺母

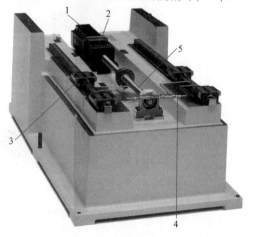

图 6-23　滚动导轨组件在机床上的安装

1—伺服电动机　2—联轴器　3—滚动导轨

4—滚动导轨润滑系统　5—滚珠丝杠

图 6-24　滚珠丝杠的润滑

副及轴承的润滑。润滑不足或没有润滑会使机床导轨、滚珠丝杠螺母副磨损，引起加工误差和加工表面粗糙。

图 6-25　滑动导轨润滑

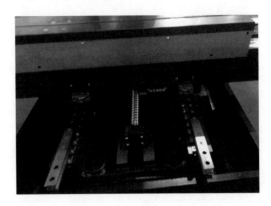

图 6-26　滚动导轨的润滑

讨论：机床缺失机械润滑会引起什么加工问题？

2　制订维修工作计划

2.1　资料收集

加工中心 FV85A（数控系统：FANUC 18i）工件加工时 X 方向有 0.08mm 误差，Y 方向有 0.05mm 误差。要对此故障进行维修，必须有以下资料：《FANUC 18 i 系统手册》《机械说明书》《机床操作说明书》。

2.2　整理、 组织并记录信息

1）了解机床制造商情况。

2）了解机床操作方法以及常用参数操作画面。

3）了解加工中心 FV85A 主轴、滚珠丝杠螺母副、导轨副、润滑系统的结构特点。

4）询问在什么时间开始出现加工误差、以及经过多长时间开始严重，机床操作员做了哪些处理（这点非常重要）。

5）弄清维修时需要什么工具以及加工中心 FV85A 使用何种轴承、贴塑材料，仓库里有没有备件。

6）写出机械维修安全操作规程。

2.3　维修工作计划

1）进行轴向背隙参数调整，用精度验收 CNC 程序检测精度，若精度没提高则分析原因。

2）拆开 X、Y 轴防护罩，检查轴承锁紧螺母是否松动并调整。

3）检查 X、Y 轴滚珠丝杠螺母副是否有间隙并调整。

4）更换 X、Y 轴轴承，写出更换步骤步骤。

5）用铜片对滚珠丝杠螺母副间隙进行调整，写出调整步骤。

3 实施维修工作

1）简述到加工中心 FV85A（数控系统：FANUC 18 i）工作现场时所做的准备工作。

2）简述安全维修原则。

3）进行轴向背隙参数调整，用精度验收 CNC 程序检测精度。若精度没提高则分析原因。

4）拆开 X、Y 轴防护罩，检查轴承锁紧螺母是否有松动。准备工具并进行调整，再进行精度检验。若精度没提高则分析原因。

5）换 X、Y 轴轴承。先按结构图正确拆卸轴承，记录轴承的安装形式（轴承有几种安装形式？各有什么特点？），写出更换轴承的步骤，再进行精度检验。若精度还有问题则分析原因。

6）用铜片（铜片有几种厚度尺寸？如何选用？）对滚珠丝杠螺母副间隙进行调整，写出调整步骤，再进行精度检验。若精度还有问题则分析原因，讨论如何处理。

4 检查维修工作质量

1）学习小组互检判断机床尺寸加工精度是否满足要求。

_____

_____

_____

2）检查维修后是否对机床各部分有损坏痕迹，拆过的机械结构是否恢复原样，安装是否正确。

_____

_____

_____

_____

3）检查维修后机床是否擦干净。

_____

_____

_____

4）检查是否向机床操作员讲解今后使用应注意事项。

_____

_____

_____

5）学习小组互评打分：_____

6）教师评价打分：_____

_____

_____

_____

5 工作总结

1）总结维修过程有没有走弯路。

_____

_____

_____

_____

2）通过机械结构维修，你认为加工中心 FV85A 哪些结构设计不合理？

_____

_____

_____

_____

_____

3）简述更换数控机床需零部件对数控机床精度的影响，针对数控机床机械结构维修，明确自己在哪些方面的知识和技能还需要加强。

_____

_____

_____

_____

_____

参 考 文 献

[1] 赵云龙，刘清. 数控机床及应用 [M]. 2版. 北京：机械工业出版社，2008.

[2] 郁汉琪. 机床电气控制技术 [M]. 北京：高等教育出版社，2010.